大圣陪你学AI

人工智能从入门到实验 上

徐菁 李轩涯 刘倩 计湘婷◎编著

覃祖军◎审

机械工业出版社
China Machine Press

图书在版编目（CIP）数据

大圣陪你学 AI：人工智能从入门到实验：上、下册 / 徐菁等编著．—北京：机械工业出版社，2020.7

ISBN 978-7-111-65991-4

I. 大… II. 徐… III. 人工智能－少儿读物 IV. TP18-49

中国版本图书馆 CIP 数据核字（2020）第 126523 号

大圣陪你学 AI：人工智能从入门到实验（上册）

出版发行：机械工业出版社（北京市西城区百万庄大街 22 号 邮政编码：100037）
责任编辑：赵亮宇 责任校对：殷 虹
印 刷：中国电影出版社印刷厂 版 次：2020 年 9 月第 1 版第 1 次印刷
开 本：186mm×240mm 1/16 印 张：8.25
书 号：ISBN 978-7-111-65991-4 定 价：99.00 元（含上、下册）

客服电话：（010）88361066 88379833 68326294 投稿热线：（010）88379604
华章网站：www.hzbook.com 读者信箱：hzit@hzbook.com

序言

曾经，AI 只是科学家们对于未来科技的描绘，或是科幻电影中的酷炫形象。如今，它已经融入我们的生活和工作，美好的想象正在成为现实。

这些年，我有幸作为亲历者见证了 AI 的演进，从实验室里的研究课题，到今天成为推动人类经济、社会发展的新技术引擎。我们正在加速进入以科技革命和产业变革为主旋律的智能时代。青少年是未来的希望，在即将到来的 AI 时代，青少年朋友们如何更好地了解和拥抱 AI？

鉴于此，我们发起了面向青少年 AI 科普教育的“晨曦计划”，希望依托百度在 AI 技术上的经验积累，借助百度的 AI 学习资源，帮助青少年了解人工智能的发展现状、前沿研究和应用，使更多青少年能够喜欢 AI，在未来的工作和生活中应用 AI。

这本书是“晨曦计划”的重要一环，为青少年提供了一个接触 AI 的窗口。以我们耳熟能详的西游记为背景，本书通过唐僧、齐天大圣、猪八戒、沙和尚等人物的故事和有趣的绘画，创作了一个西游记中的“AI 世界”，将抽象的 AI 概念和看似复杂的 AI 技术直观生动地展现出来，为青少年朋友们开启 AI 的大门，陪伴大家轻松愉快地踏上人工智能的“取经路”。

我的 AI 梦想即是萌芽于年少时的科幻动画片。如今，希望这本书能够让更多青少年朋友们了解 AI、喜欢 AI，激发大家的 AI 梦想，未来一起建设美好的 AI 世界。

王海峰　百度首席技术官

前言

要不要让孩子学习人工智能？

让孩子通过什么方式学习人工智能？

当人工智能逐渐成为日常工作、生活的一部分，10年、20年后您的孩子又将凭借什么与人工智能竞争工作岗位？

牛津大学2013年发布的一份报告中预测，未来20年里有将近一半的工作可能被机器所取代。融入才是最好的竞争手段。在这样的浪潮中，让孩子从小开始接触、了解、学习人工智能势在必行。即使将来孩子不从事人工智能相关的工作，仍然能受益于通过学习人工智能建立的逻辑思维能力。

人工智能作为计算机科学的一个分支，自1956年问世以来，无论是理论还是技术，都已经取得显著发展。从智能机器人到无人驾驶汽车，从无人超市到智能分诊，人工智能已经深入人们的生活，成为科技进步的核心力量。

我国在继2017、2018年政府工作报告后，人工智能在2019年的政府工作报告中第三次被提及。世界各国也都在加紧对人工智能的投入，抢占这一重要的科技战略高地。由此可见，学习人工智能不仅是个人成长和职业生涯规划的需要，也是创新型国家发展的战略需要。

一段时间以来，“少儿编程”被家长们关注。许多家长希望能通过这样的学习让孩子快人一步，赢在起跑线上，却忽略了过多、过早地学习纯理论知识容易造成孩子的逆反和抵触心理，也因为缺少结合日常生活的实践，无法培养孩子的动手操作能力。

青少年的学习过程往往是以兴趣和好奇心推动的。本书从少儿编程的角度出发，将青少年耳熟能详的《西游记》故事与常见、易懂的人工智能应用案例相结合，用一个个小故事来解读人工智能，人物形象丰满，故事生动有趣。故事的主人公——齐天大圣孙悟空更是青少年崇拜和喜爱的人物形象，孩子跟随他的冒险历程一起“打怪升级”，在轻松愉快的氛围中学到知识，在解决一个个问题的成就感中树立信心，在一个个由浅入深的实践操作过程中逐步形成对人工智能的基本认知。

在实践方面，本书基于百度 EasyDL 这一定制模型训练和服务平台，孩子根据提示进行操作，即使完全不懂代码编程也可以快速上手。这对于孩子从零开始了解人工智能、快速入门有极大的帮助。我们更认为，在孩子学习人工智能的起步阶段，无须让大量的理论和公式先行，而是要激发学习兴趣，引导他们建立一种用人工智能解决问题的思维习惯和意识，为以后深入学习打下基础。

基于这个理念，本书在编写的过程中时刻将“解决生活中遇到的问题”作为出发点和落脚点。

第 1 章介绍了人工智能基本概念及应用场景。

第 2 ～ 6 章从人工智能的图像分类识别、物体检测、文本分类、声音分类、视频分类等具体应用案例出发，将案例融入故事场景中，孩子可以直接在 EasyDL 上边学边用、学以致用。

第 7 章主要介绍了智能语音、智能绘画、生物科学、艺术创作、宇宙探索等方面目前的应用，让孩子了解人工智能在生活中的广泛应用。

在第 8 章中，编者加入一题多解的“硬件 + 软件”智能门禁系统的实验，带着孩子用树莓派 + 通用摄像头制作“人脸识别智能锁”。该实验覆盖训练人脸识别模型与百度 AI 开放平台人脸识别 API 的实践应用，实现软硬件结合的目的。

本书在初稿编写完成后，反复向广大青少年及其家长征求了意见，将老师多年的教学实践经验与家长培养需求、青少年阅读能力相结合，使故事情节、知识深度符合青少年的认知能力和阅读水平。

本书自编写以来，获得了众多老师、学者的耐心帮助和指导。尤其是中国科学院大学的文新、亚静、文瑞洁、刘钟伟、王文娟，感谢你们对本书理论内容提出宝贵意见，让本书更加精彩；感谢你们对本书实验内容的测试反馈，让实践内容千锤百炼。感谢曹焯然、乔文慧、娄双双、马天野等同事在本书撰写过程中发挥的巨大作用。在此向他们致以诚挚的谢意。

编者

2020 年 4 月

目　录

东胜神洲灵猴出，菩提树下修AI

公元前578年六月初一，东胜神洲傲来国海滨的花果山顶有一块仙石，轰然迸裂，孕育出一只石猴。这只石猴灵敏聪慧，在水帘洞安家，山中群猴尊之为大王。闲来无事，他经常下山闲逛。

人工智能无处不在

这天，他正在山下集市闲逛，看到前面一群人围着，只听一个樵夫正在谈论人工智能，讲得津津有味，众人都听得入迷，这引起了他的好奇，于是他也凑过去听。

只听樵夫说道：“如今的人工智能已经不再是几十年前难以理解的科学词语，已经逐渐进入我们普通人的生活中了。”

石猴疑惑道：“此话怎讲？人工智能在哪里？”

樵夫抖抖衣服说道：“你看我们平时常用的智能手机，别瞧它屏幕小，里面可藏着不少人工智能的神奇魔术呢！”

樵夫继续讲道：“小到手机，大到家居产品，再大到社会的各行各业，人工智能都在发挥着重大的作用。”

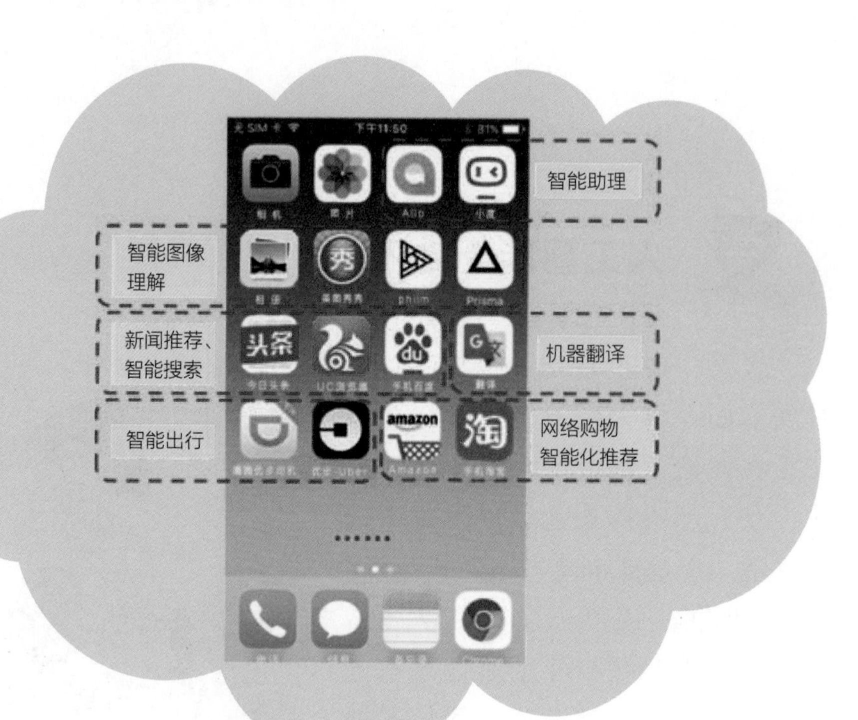
智能助理
智能图像
理解
新闻推荐、
智能搜索
机器翻译
智能出行
网络购物
智能化推荐

生活中的人工智能

人工智能正在改变着人们生活的方方面面，让我们能够尽享科技带来的便捷。

智能音箱是一个智能生活助理，我们可以和它进行语音对话。例如，可以让它定一个闹钟，问它天气的变化情况，甚至还可以向它请教学习中遇到的难题。

智能推荐系统像是一个智能推销员，当你用音乐软件听音乐时，智能推荐系统会根据你的兴趣或爱好定制音乐列表，还会推荐一些最近适合你听的音乐。

社会中的人工智能

人工智能同样影响着社会的各行各业，推动人类文明的进步和发展。

在安防领域，人脸识别、指纹识别仪器经常出现在公司、小区门口，用来判断一个人是否可以进入公司或者小区。只有与本人的身份信息匹配成功后才允许进入，这比传统的刷卡方式更加严格、安全。

在医疗领域，智能医疗设备可以提升医院的医疗服务水平，即使在医疗资源相对短缺的偏远地区，也能够帮助人们看病。

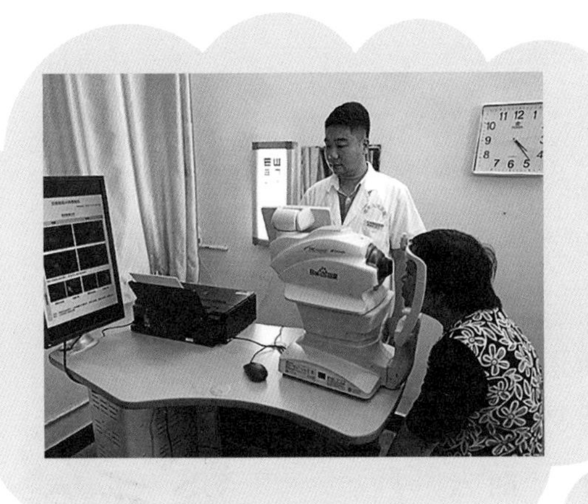

在交通领域，人工智能也有很多应用，例如车牌识别、无人驾驶。

百度阿波罗无人车亮相2018年中央电视台春节联欢晚会广东珠海直播分会场。在春晚直播中，百余辆阿波罗无人车跨越港珠澳大桥，成为首批驶上港珠澳大桥的车队。

他等不及樵夫继续说下去，打断道："据你所说，人工智能真是一个好东西，日后必有大用处。你可知道哪位神仙掌握此项技能？我好前去拜师学艺。"

樵夫答道："你看那边的灵台方寸山，山中有座斜月三星洞，洞中有一个老神仙，称菩提祖师，他精通此术。你可前去拜师学艺。"

根据樵夫的描述，石猴跋山涉水，终于到了灵台方寸山，找到了三星洞，在洞口拜师。

石猴跪在洞口，说道："我对人工智能非常感兴趣，望祖师能够收我为徒，传授此术。"

菩提祖师问道："你当真要学我的人工智能技术？你对此术可了解？"石猴道："知之甚少，只觉有趣。"

菩提祖师说道："我可以收你为徒，但你要能够回答'人工智能有什么用'这个问题，百度 AI 开放平台或许能帮助你找到答案。"

人工智能之初体验

菩提祖师给了石猴一台电脑，让他在浏览器的地址栏中输入网址 https://ai.baidu.com/productlist。按下回车键，石猴进入了"百度 AI 开放平台"。

首先，映入眼帘的是五花八门的技术能力，有语音技术、图像技术、文字识别、人脸与人体识别、视频技术、AR 与 VR、自然语言处理、数据智能和知识图谱。

技术能力
语音技术
图像技术
文字识别
人脸与人体识别
视频技术
AR与VR
自然语言处理
数据智能
知识图谱
场景方案
部署方案
开发平台
行业应用方案

技术能力

语音技术

语音识别 >

语音识别
识别率高，支持中文、英语、粤语、四川话等

语音识别极速版
极速识别60秒内语音，简单易用

长语音识别
支持将不限时长的语音实时转换为文字

远场语音识别
适用于智能家居、机器人等远场的语音识别

语音合成 >

在线合成-基础音库
提供标准男声女声、情感男声女声四种发音人

在线合成-精品音库
提供包含童声在内的五种精选发音人

离线语音合成
在无网或弱网环境下，可在智能硬件设备终端进行...

语音唤醒 >

紧接着，石猴的目光落在了图像技术上。他在花果山时最喜欢坐在山下的路边，给过往的车辆拍照片，然后和小猴子们一起玩看图猜车型号的游戏。于是他点击 图像技术 ，然后竟然看到 车型识别 功能。

Bai度大脑 | AI开放平台　开放能力　开发平台　行业应用　客户案例　生态合作　AI市场　开发与教学　资讯　社区　控制台

技术能力
语音技术
图像技术
文字识别
人脸与人体识别
视频技术
AR与VR
自然语言处理
数据智能
知识图谱
场景方案
部署方案
开发平台
行业应用方案

图像技术

图像审核 >

色情识别
智能识别图片和视频中的色情和性感内容

暴恐识别
血腥场景及恐怖组织头目，旗帜等违禁内容

政治敏感识别
识别政治人物与敏感政治事件场景

广告检测
检测图像中的文字、水印、二维码、条形码

恶心图像识别
准确识别恶心，令人不适类的图像

图像质量检测
检测图像色彩、构图及清晰度情况

图文审核
图像中的文字内容进行多维度审核

公众人物识别
支持国内外16万个公众人物人脸识别

车辆分析 >

车型识别
识别3千款常见车型，可返回车型百科信息

车辆检测
检测图像中所有车辆，识别车辆类型和位置

车流统计
基于车辆检测和追踪，统计进出车流量

车辆属性识别
识别小汽车11种外观属性，如是否有车顶架

车辆损伤识别
针对常见小汽车，识别外观部件受损情况

车辆分割
识别车辆的轮廓范围，与背景进行分离

石猴兴奋地点击 车型识别 ，打开了“功能演示”页面，继续点击进去看，输入一张车的图片，平台就能自动输出这辆车的品牌和型号。

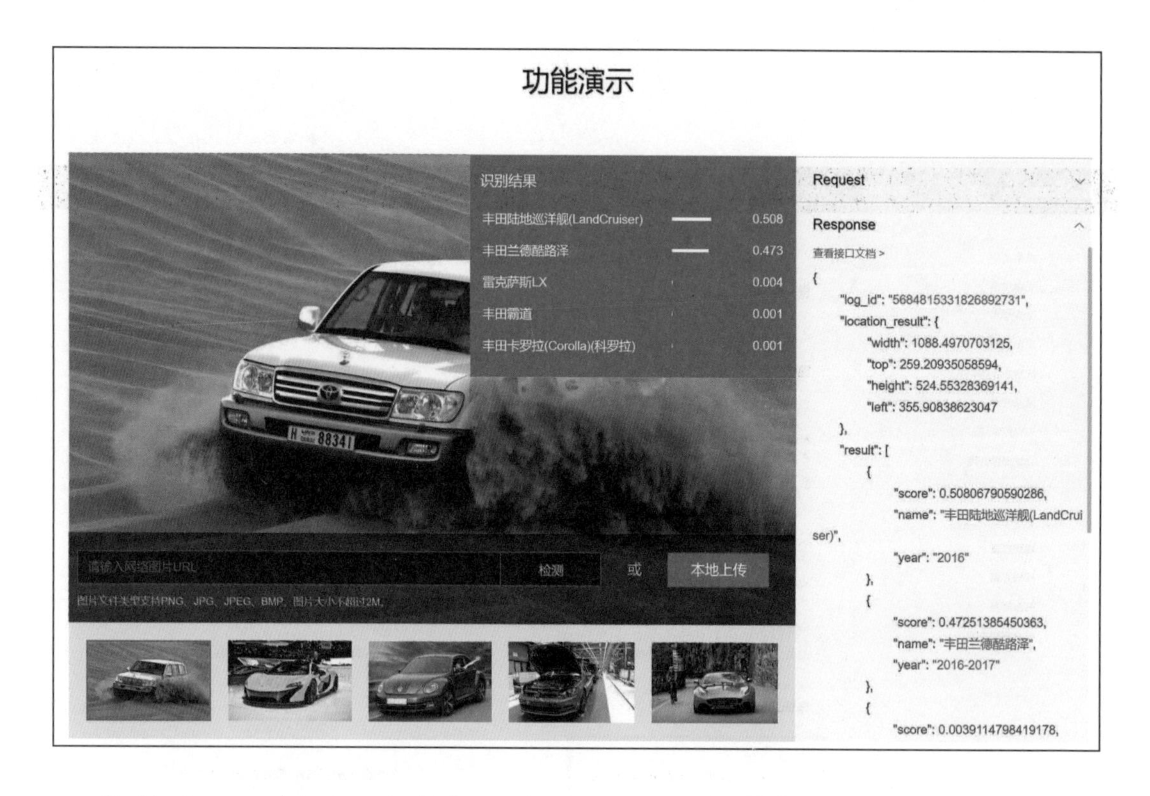

他很开心，原来人工智能如此神奇，自己平日里看好久图片都猜不出来车的型号，人工智能竟然能马上给出答案。他暗自下定决心，一定要学好人工智能。

石猴从百度 AI 开放平台出来，对人工智能愈发感兴趣。更重要的是，他已经找到答案了。他再次来到菩提祖师面前，说道：“祖师，学习人工智能可以让机器学会像人一样做事情，帮助人们解决问题，提高工作效率。”

祖师微微一笑，道："你现在就拜师吧。"石猴高兴地跪在地上："多谢师父。"祖师继续说道："自今天起，你就叫孙悟空吧。"

悟空跪拜，说道："悟空多谢师父。"

人工智能的前世今生

悟空行完拜师礼，菩提祖师带他来到了禅房，说道："从今日起，为师开始传授你人工智能的法术。要学好人工智能，你首先要了解人工智能的前世今生，知道它从哪里来，要到哪里去。"

悟空问道："师父，我首先想知道人工智能到底是什么呢？"

菩提祖师说道："人工智能，简单来说就是让机器能像人那样思考，甚至可能超过人的智能。"

"人工智能的发展已经经历了很长一段时间。"祖师补充道。

人工智能的发展史

人工智能的发展经历了三个阶段。

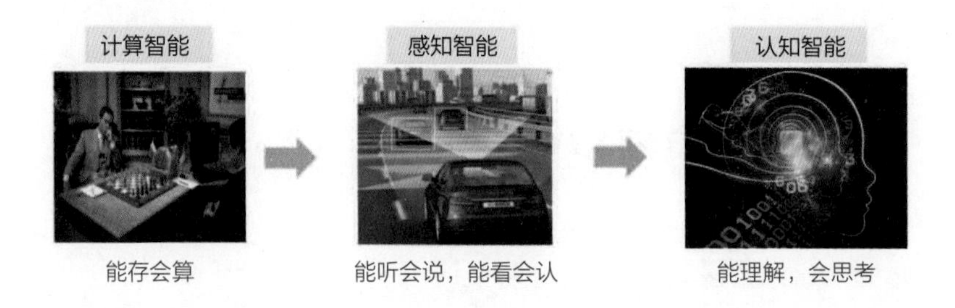

第一个阶段叫作"计算智能"，在这个阶段，机器只能做一些简单的数学运算，例如加减乘除运算。这个时期的人工智能就像刚刚进入幼儿园的学龄前儿童，刚学会一些基本的知识。

第二个阶段叫作"感知智能"，也就是当前的阶段，机器能够做一些人做的简单的事情，如进行自动对话、图像识别等。这个时期的人工智能就像刚拜师的石猴。

第三个阶段是人工智能未来的发展方向，叫作“认知智能”。到这个阶段，机器就能完全像人一样理解、思考，是人工智能的最高境界。这个阶段的人工智能能力高深莫测，但需要潜心修炼才可能达到。

悟空又问道：“师父，那人工智能发展到如今的状态，可有玄机？”

菩提祖师捋了捋胡须说道：“人工智能之所以能发展到如今的繁荣景象，的确是有玄机的，这其中包含了天时、地利、人和。”

人工智能飞跃玄机

天时：大数据为人工智能飞跃发展提供了催化剂

日常生活中，我们越来越离不开手机，会经常用手机拍摄照片、录制视频、发微博、发微信等，这些图像、视频、声音、文本，我们称之为数据。

这样，每天产生的数据越来越多，人工智能根据这些数据来给人们的生活提供更多便利。

知识点

数据，包括每天产生的图像、视频、声音、文本等。

大数据，是把各种各样的数据汇集到一起，组成的大量数据。

地利：算力增长给人工智能飞跃发展插上了翅膀

简单来说，算力就是悟空一小时内可以做多少道数学题，做得越多，说明算力越强。据科学界给出的数据，人工智能的计算量每年增长10倍，只有提高算力，才能满足需求。

拓展阅读

参阅OpenAI最新报告“AI计算量每年增长10倍，摩尔定律也顶不住”，网址为https://www.qbitai.com/2019/11/8790.html。

人和：算法的突破是人工智能飞跃发展的进化

科学家们在天时地利的条件下，进行了很多高科技研究，使得人工智能有了质的进化。

讲到这里，菩提祖师捋了捋胡须，说道：“为师希望你掌握了人工智能知识后，能够在‘人和’方面做一些贡献，推动人工智能继续飞跃。”

悟空使劲点了点头。

人工智能背后的秘密

悟空已经熟悉了人工智能的前世今生，他觉得自己已经准备好开始修炼技能了，正准备到禅房中打坐。谁料，菩提祖师却说道：“今日，为师带你下山去历练。”

机器学习初入门，观察外观挑西瓜

菩提祖师带着悟空来到山下的西瓜地，说道：“你去给为师挑选两个成熟的西瓜，记住不可鲁莽搞破坏，要靠你的智慧来判断。”

悟空这可犯了难，他以前买西瓜都是直接砸开看里面，不熟就不买。如今师父不许他破坏，这些西瓜看起来都差不多，怎么知道哪个熟了呢?

菩提祖师见悟空如此为难，说道：“为师今日教你用人工智能中的机器学习来观察外观挑西瓜。”

机器学习可以通过一些特征来判断一个西瓜成熟与否，这些特征包括：西瓜的大小，表皮颜色是青绿色还是墨绿色，瓜蒂的状态是蜷缩状还是比较坚挺，敲击西瓜时的声音是清脆还是浑浊，等等。

知识点

特征，是指一个物体异于其他物体的特点。通常可以利用这些特点区分不同的物体。

菩提祖师随机挑了 10 个西瓜，让悟空先去观察它们的外观，每个特征记录一个数值，如表皮颜色从青绿到墨绿，按照程度划分为 1 ～ 100。然后逐个切开西瓜看是否成熟，并做好标记，在看完10个西瓜后，在脑海里总结各个特征与西瓜是否成熟之间的关联。

最后，根据总结的经验去西瓜地里挑选自己认为已经成熟的西瓜，切开确认判断是否正确。

悟空因此获得了“观察外观挑西瓜”的技能，心想此次下山历练收获颇多，回到洞中一定要好好修炼。

举一反三遇难题，深度学习来助力

悟空学会了挑西瓜的技能后很开心，刚回到三星洞，就开始想怎么能够举一反三，更充分地掌握技能。这天，他突然想到如果能够分辨人和动物，那就更神奇了。于是，他找了一堆人和动物的图像，开始修炼。

谁知，刚开始修炼，悟空就遇到了困难。

有些图片中需要分辨的对象的外形是类似的，但实际上一个是人，一个是动物，这该如何选取特征进行分类呢？

悟空百思不得其解，只得去找师父解惑。

菩提祖师听了悟空的疑问后，欣慰地说道：“你能自己发现问题，很好。其实还有个与此相通的问题，即需要分辨的对象外形看起来不同，但其实是一类。”

需要选取特征的机器学习只能解决一些简单的问题，而面临上面的复杂问题时就束手无策了。这个时候，我们就要靠深度学习来助力了。

深度学习技术参照人类的神经系统，模仿出一个人脑的神经元，去观察不同的事物有哪些特征不同。不需要我们再去选取特征。

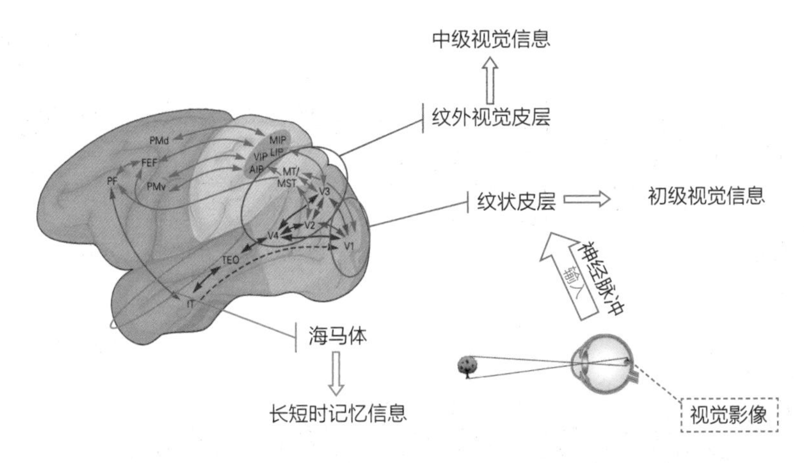

可以先回想一下人脑是如何对图像进行识别的。当我们看到一幅图像，眼睛首先把视觉影像（也就是我们看到的图像）以神经脉冲的形式输入大脑的纹状皮层；然后神经脉冲刺激大脑皮层，获取到图像的所有特征，再输入纹外视觉皮层，大脑经过思考，分辨出图像里的物体；最后，本次思考过程和获得的经验会保存在海马体里，作为记忆留在我们的大脑中。当然，随着时间的推移，有些记忆会丢失。

悟空听到这里，更加觉得人工智能神奇了，说道：“如果深度学习能解决我遇到的难题，师父可否教授我此术？”

菩提祖师答道：“当然，机器学习只是一个基本功，人工智能的神奇在于它可以模仿人脑。如今你基本功扎实，为师便开始授你人工智能中的技术。”

菩提祖师倾囊授，悟空勤学获技能

经过了前面那么多的准备工作，悟空终于开始修炼人工智能中的技能了。

首先，菩提祖师传授悟空“火眼金睛”的技能，火眼金睛可用来看图像中的物体，还可以用来分析文字中蕴含的情绪。

例如，悟空最喜欢看路上来往的车辆，拍一张照片，火眼金睛就能把图像中所有的车辆都识别出来。

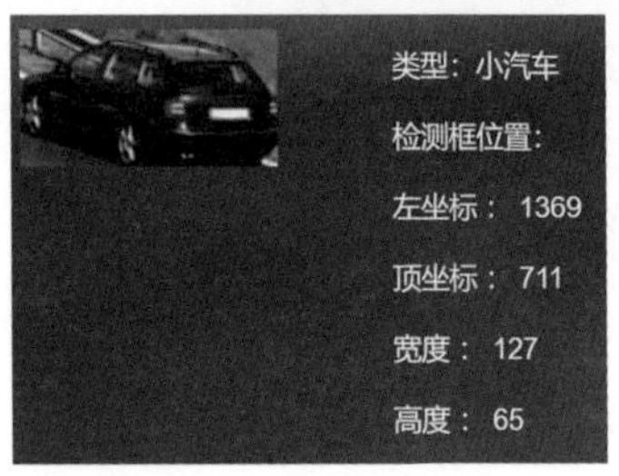

火眼金睛可以返回每辆车的类型、坐标位置、宽度和高度，可以识别出是小汽车、卡车、巴士、摩托车还是三轮车。

再例如，悟空太过调皮，经常惹师父生气，菩提祖师经常训诫他。为了少被训，悟空要时刻理解师父说的话语中隐含的情绪。如果识别出师父说话时是愤怒的，就要小心啦！

请输入一段想分析的文本： 随机示例

通用场景 客服场景 闲聊场景 任务类型对话

你真没用

还可以输入251个字

分析结果：

负向情绪： 愤怒 中性情绪 正向情绪

参考安抚话术：对不起，我会继续努力

紧接着，菩提祖师又传授悟空“顺风灵耳”的技能，顺风灵耳可用来识别师兄们的方言，还可以分析视频中有哪些内容。

例如，悟空经常和师兄们一起看电影，但是免费的电影经常没有字幕。有了顺风灵耳，悟空就可以帮助师兄们生成视频中的字幕了。

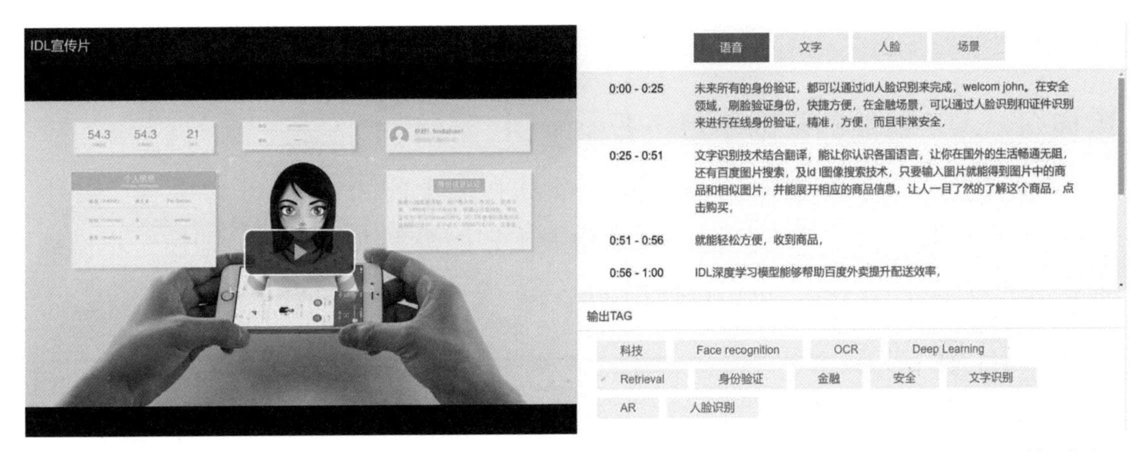

悟空在三星洞中一边修炼，一边解决日常生活中遇到的问题，虽然修炼很苦，却也是苦中作乐。

学成技能别师父，临别送行赠宝典

转眼已过数载，菩提祖师已经把所有的技能都传授于悟空，说道："为师已经没什么要传授你的了，剩下的就靠你自己通过实践去提升了。为师现在送你三个宝典，你且回家自行修炼吧。"

宝典1：人工智能的基础工具→Python编程语言

Python是一种主流的编程语言。如果要修炼人工智能，必须学会编程，把自己的想法转换成机器可以读懂的语言，也就是编程代码。

拓展阅读

Python教程：

https://docs.python.org/zh-cn/3/tutorial/index.html

宝典2：人工智能的基础技术框架→飞桨

飞桨（PaddlePaddle）以百度多年的深度学习技术研究和业务应用为基础，集深度学习核心框架、基础模型库、端到端开发套件、工具组件和服务平台于一体，2016年正式开源，是国内首个全面开源开放、技术领先、功能完备的产业级深度学习平台。

宝典3：人工智能的基础平台→EasyDL平台

EasyDL是基于飞桨框架推出的一个具有强大能力的AI开发平台，其中EasyDL经典版提供了非常便捷的自动化人工智能模型训练功能，即使是不懂编程算法的零基础入门者，也可以使用EasyDL快速搭建深度学习模型。

拓展阅读

EasyDL网址：

https://ai.baidu.com/easydl/

悟空接过三个宝典，跪别菩提祖师，回到了花果山水帘洞，自封“齐天大圣”，开始闭关修炼人工智能技术。

家庭作业

想一想：未来机器人会不会统治地球？

想一想：人工智能会不会让人类失业？

悟空火眼辨妖怪，八戒金睛分灵猴

话说悟空回到花果山后，勤加修炼，终于熟练掌握了人工智能技术。但想到菩提祖师告诉他要通过实践提升，于是他到处打听最近哪里有大项目，得知唐僧要从东土大唐到西天取经。从东土大唐到西天，路途遥远，一路上肯定有各种问题需要解决，这是个千载难逢的实践机会。

悟空找到唐僧，请求唐僧带他一起去。开始唐僧并不想带他，觉得他不受约束，不理佛法，不符合成为自己同伴的条件。悟空一心想实践，说道："我愿拜长老为师，受紧箍咒约束。况且路途遥远，你肯定需要一个能解决问题的徒弟。"唐僧想了想，说得确有道理，于是答应他的请求。另外，唐僧还收了猪八戒和沙和尚为徒，师徒四人踏上了西天取经之路。

来自八戒的求助，看图识妖怪

这天，师徒四人来到了黄风岭，又冷又饿。阴风袭来，唐僧不禁打了个寒颤，对悟空说道：“悟空你去附近找找有没有农户，化些缘回来吧。”

悟空应了一声，便离开去找农户。正在路上走着，突然八戒在后面追过来，边跑边喊道：“猴哥，不好啦，师父被妖怪抓走了！”

悟空急忙问：“什么妖怪？”

八戒挠头：“我没认出来，不过我在最后关头用新买的相机拍了照片。”

八戒拿出照片给悟空看。“只可惜妖怪太狡猾了，我拍了好多照片，结果都没有拍到妖怪整张脸的样子。”

“这些妖怪本来就长得千奇百怪，装扮各异，有时候他们还会藏在幽暗的山谷中，

甚至还会变身，化身人形、树木、房子等，实在是让人难以分辨出是何种妖怪。”八戒补充道，无奈地叹了口气。

悟空安慰他道：“莫怕，俺老孙当年在菩提祖师那里学到了火眼金睛的技能，能够对图像进行分类，一眼就能识别出是哪个妖怪。”

八戒疑惑地问道：“我听说火眼金睛很厉害。不过，图像分类是何物？”

“这就说来话长了，恐怕我得给你讲个几天几夜。现在师父还在等着我们去救他呢，我给你看个简单的例子吧，也许你看后就明白了。”悟空说道。

说着，悟空拿出自己随身携带的笔记本电脑，在浏览器中输入 https://ai.baidu.com/productlist。

同学们，还记得吗？

这是当年菩提祖师给他的百度 AI 体验平台。

没想到，有朝一日，悟空竟然会把这个平台推荐给别人。

AI 在线体验课之图像识别

悟空点开了百度 AI 开放平台的首页，点击 图像技术 ，选择 图像识别 ，在新页面中继续选择 动物识别 ，这个和妖怪识别最相似，悟空想这个例子肯定能让八戒明白图像分类是怎么回事。

选择一张图片，人工智能就能自动返回动物名称以及可能的分类。

八戒看着悟空操作，看得心痒痒，说道："猴哥猴哥，你也让俺试试呗。"

八戒接过悟空手里的电脑，选择了一张红色动物的图片，人工智能立刻就返回了这只红色的动物有 99% 的可能是红鹳的识别结果。

八戒体验了图像识别的功能后，兴奋地喊道："猴哥，这也太神奇了，给一张照片，人工智能就能告诉我这是什么妖怪。你也有这样的本领吗？"

悟空回答道："当然。"

"猴哥，那你快教教我如何识别妖怪吧。我也要承担起保护师父的责任。

"当年，我可是天庭的天蓬元帅，基本功扎实着呢！我这一身本领可不能白费。"

悟空见八戒如此有责任心还上进好学，甚是欣慰。心想看来自己当初错怪八戒了，以为他是个好吃懒做的呆子，原来他也能如此积极，怪不得当初师父肯收他为徒。

想到这里，悟空答应下来，仰天大笑："哈哈，答应你就是了，我齐天大圣的名号也不是吹来的。"

是哪种妖怪悟空一看便知

悟空既然已经答应传授八戒火眼金睛，自然就要认真教，这样也能尽快找到妖怪，救出师父，真是一举两得。

八戒的方法

悟空学着当年菩提祖师的样子，正经地问道："呆子，我现在传授你看图识妖怪的技能，你先和师兄说说你平时是如何识别妖怪的？"

八戒虽没有悟空的火眼金睛，但这一路跟随大师兄降妖除魔，也算是跟众多妖怪打过交道了，还是有点识别妖怪的本事的。

八戒也正经起来，说道："我识别妖怪时，主要看妖怪的外在特点。以咱们在平顶山莲花洞遇到的金角大王和银角大王为例吧，这俩妖怪头上都有角，金角大王的角是金色的，银角大王的角是银色的；再就是他们的衣服，一个是金色的，一个是银色的；还有他们随身携带的法器，与别的妖怪不同，他们的法器是一个葫芦。"

八戒说到这里，想到上次悟空差点被那葫芦化掉，打趣道：“猴哥你记得那葫芦吧，就是把你吸进去，差点化掉你的那葫芦。”

悟空拍了八戒的头，说道：“呆子，你还想不想学了，竟然敢拿我说笑，况且当初那葫芦对我本无效，只是困住我罢了！”

八戒嘿嘿笑道：“猴哥，我知错了，我这不是看你担心师父，想调节一下气氛嘛。”

悟空继续说道：“你这种方法有时确实有用，当年菩提祖师教我挑西瓜用的就是这个方法。不过后来我发现有时这种方法不适用，你发现了吗？”

八戒点点头，说道：“是的，有的时候我这方法就不灵了，让我很困惑。”

八戒的困惑

悟空笑道："说说看，你有什么困惑？"

八戒说道："同一个妖怪，做出不同的表情和不同的姿态时，我就很难识别出来。"

"还有一些妖怪诡计多端，善于变化伪装，根本不能判断出来！"八戒说着，有些着急了。

悟空大笑道："没错，你和我当初遇到的问题一样。

"妖怪变化多端，难以分辨。对于同一种妖怪，你需要观察、记忆他的各种变化，无论他高矮胖瘦，或者飞天遁地出现在任何地方，还是伪装成任何形态，比如人形、树木、房子，这样才能准确地揭开妖精的真面目。

"另外，各路妖怪千奇百怪，难免存在一些共同点，要想识别是哪种妖怪，务必找到能够区分不同妖怪的关键特点。

“例如，独角兕大王和牛魔王看似相同，实则不同。颜色上，独角兕大王是青牛精，牛魔王则是一头大白牛。兵器上，青牛精的兵器是太上老君防身用的金钢琢，逮住什么套什么，牛魔王用的却是棒子。抓住这些关键特点就很容易区分啦。

“而如何找出这些关键的特点就是人工智能要做的事情啦！”

悟空的火眼金睛

听了悟空的精彩讲解，八戒有点迷糊了，尴尬地说道：“大师兄，道理我老猪是明白了，可是妖怪种类多，特点也多，我还是学不会呀！”

悟空说道：“不要着急，我带你一起去 EasyDL 平台用火眼金睛来识别抓走师父的妖怪，也许你就能学会了。”

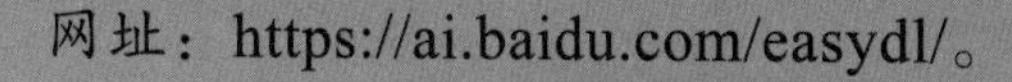

同学们，还记得吗？

EasyDL 平台也是当年菩提祖师送给悟空的宝典之一，

网址：https://ai.baidu.com/easydl/。

在 EasyDL 平台上实现图像分类，不需要深入学习理论知识，只需收集数据，给数据进行标注，制作成一个符合标准的数据集，EasyDL 就能自动完成模型训练，实现图像分类。

悟空带着八戒来到了 EasyDL 平台，准备用八戒拍摄的妖怪照片作为数据集来识别抓走师父的妖怪，好赶快去救师父，八戒则在一旁看着悟空操作。

知识点

在图像分类中，数据是指我们收集到的图片，例如妖怪的图片。

标注，是对照片 / 图片中所显示的究竟属于何种妖怪的记录，如白骨精、蜘蛛精。

数据集，是将所有的图片汇总到一起形成的一个文件。

看图识别妖怪

第一步 创建模型

这个阶段的主要任务是选择平台类型，确定模型类型，配置模型基本信息（包括名称等），并记录希望模型实现的功能。

（1）打开 EasyDL 平台主页，网址为 https://ai.baidu.com/easydl/，如图 2-1 所示。

点击图 2-1 中的 快速开始 按钮，显示如图 2-2 所示的“快速开始”选择框。训练平台选择 经典版 ，模型类型选择 图像分类 ，点击 进入操作台 按钮，显示如图 2-3 所示的操作台页面。

图 2-1 EasyDL 平台主页

图 2-2 选择平台版本和模型类型

（2）在图 2-3 显示的操作台页面中创建模型。

点击操作台页面中的 创建模型 按钮，显示的页面如图 2-4 所示，填写模型名称**看图识别妖怪**，模型归属选择 个人 ，填写联系方式、功能描述等信息，点击 下一步 按钮，完成模型创建。

图 2-3　操作台页面

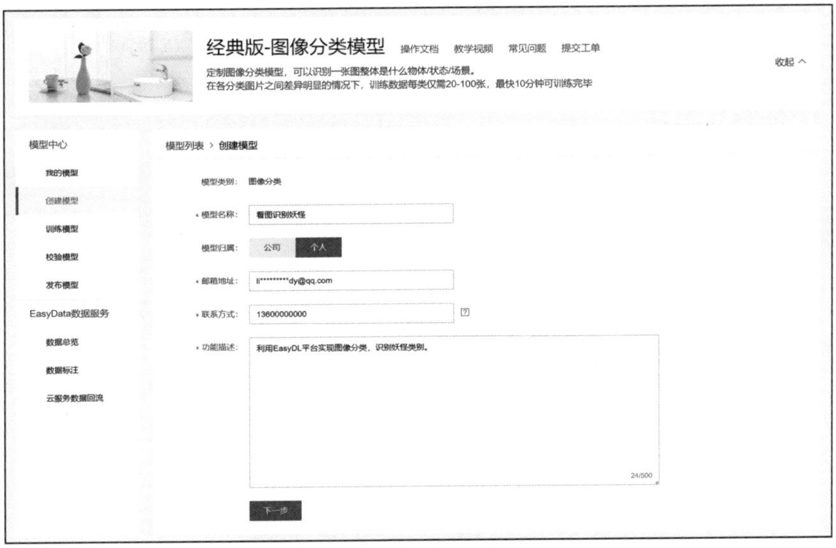

图 2-4　创建模型

（3）模型创建成功后，可以在 我的模型 中看到刚刚创建的模型**看图识别妖怪**，如图 2-5 所示。

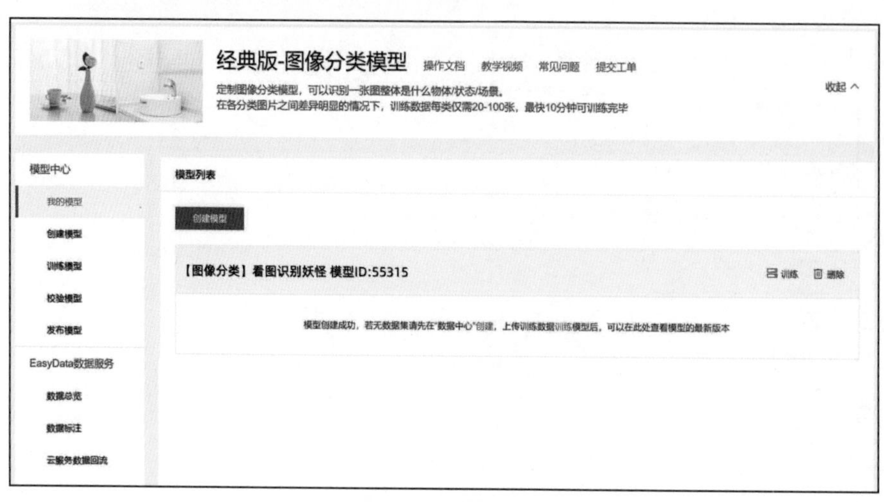

图 2-5　模型列表

第二步　准备数据

这个阶段的主要任务是根据具体图像分类的任务准备相应的数据集，并把数据集上传到平台上，用来训练模型。

（1）准备数据集。

首先扫描封底二维码下载压缩包，在［上册－第 2 章－实验 1］中找到训练模型所需的图像数据。对于识别妖怪任务，我们准备了三种妖怪的图像，分别为豹子精、狮子精、老虎精。图片类型支持 .png、.bmp、.jpeg 格式。之后，需要将准备好的图片按照分类存放在不同的文件夹里，同时将所有文件夹压缩为 .zip 格式。然后，需要将准备好的图像数据按照分类存放在不同的文件夹里，文件夹名称即为图像对应的类别标签（Leopard、Lion、Tiger），此处要注意，图像类别名即文件夹名称，需要以字母、数字或下划线命名，不支持中文命名。

最后，将所有文件夹压缩，命名为 yaoguai.zip，压缩包的结构示意图如图 2-6 所示。

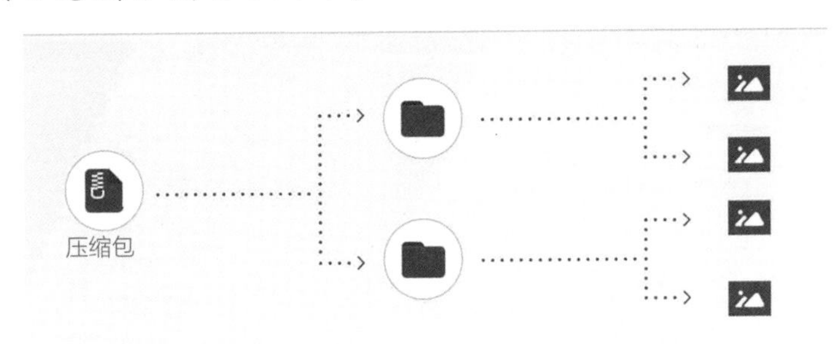

图 2-6　压缩包结构示意图

（2）上传数据集。

点击图 2-7 显示的 数据总览 中的 创建数据集 按钮，创建数据集。如图 2-8 所示，填写数据集名称，点击 上传压缩包 按钮，选择 yaoguai.zip 压缩包，如图 2-9 所示。也可以在该页面中下载示例压缩包，查看数据格式要求。

选择好压缩包后，点击 确认并返回 按钮，成功上传数据集。

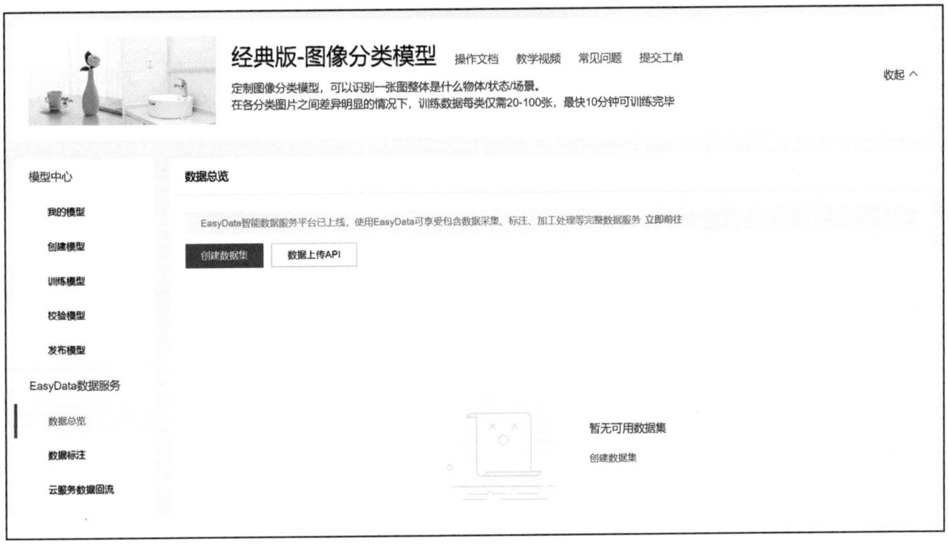

经典版-图像分类模型　操作文档　教学视频　常见问题　提交工单

定制图像分类模型，可以识别一张图整体是什么物体/状态/场景。
在各分类图片之间差异明显的情况下，训练数据每类仅需20-100张，最快10分钟可训练完毕

收起

模型中心
我的模型
创建模型
训练模型
校验模型
发布模型
EasyData数据服务
数据总览
数据标注
云服务数据回流

数据总览

EasyData智能数据服务平台已上线，使用EasyData可享受包含数据采集、标注、加工处理等完整数据服务 立即前往

创建数据集　数据上传API

暂无可用数据集
创建数据集

图 2-7　创建数据集

图 2-8　选择压缩包

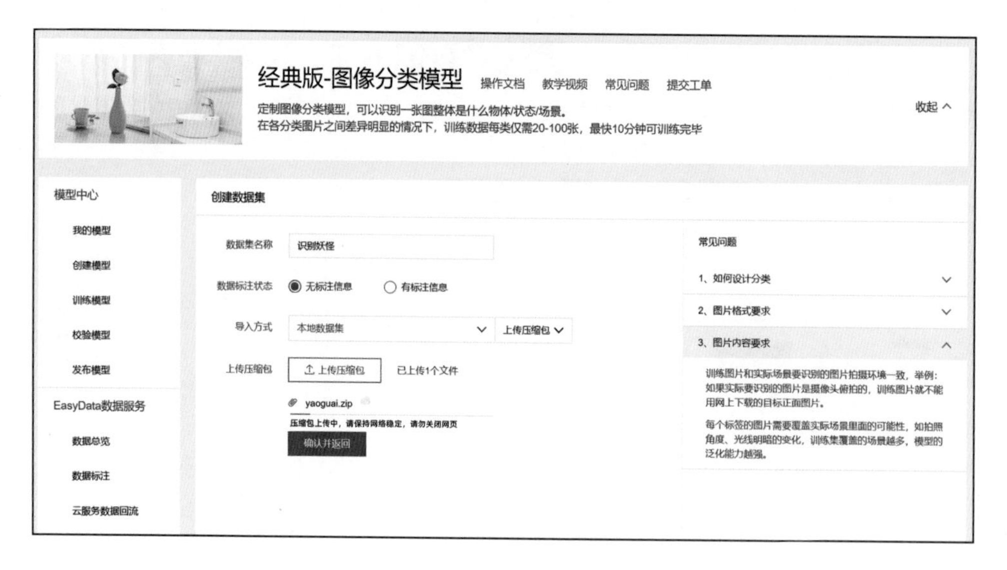

图 2-9　上传数据集

图 2-9 （续）

（3）查看数据集。

上传成功后，可以在 数据总览 中看到数据的信息，如图 2-10 所示。数据上传后，需要一段处理时间，大约为几分钟，然后就可以看到数据上传结果，如图 2-11 所示。

点击 查看 ，可以看到数据的详细情况，如图 2-12 所示。

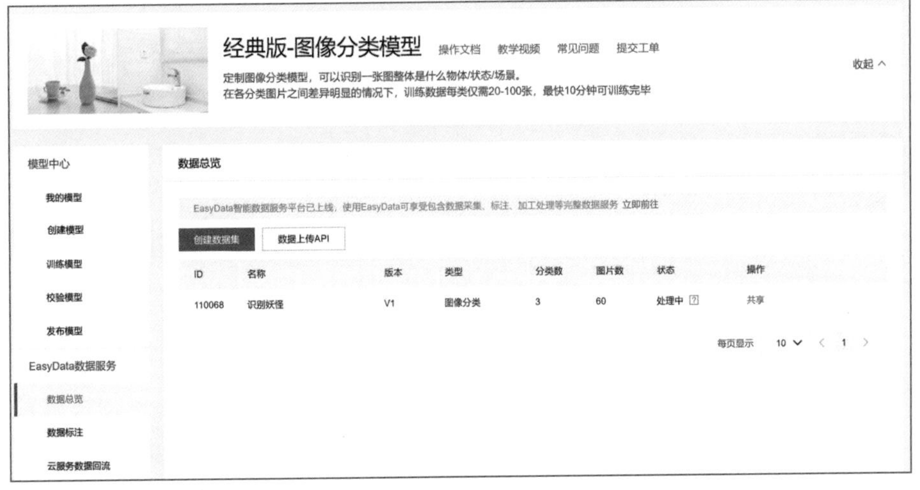

图 2-10 数据集展示

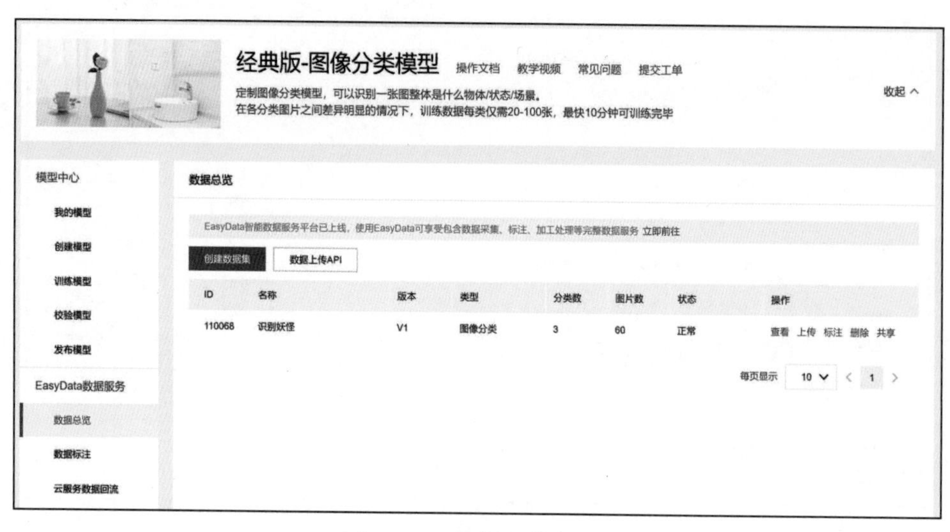

图 2-11　数据上传结果

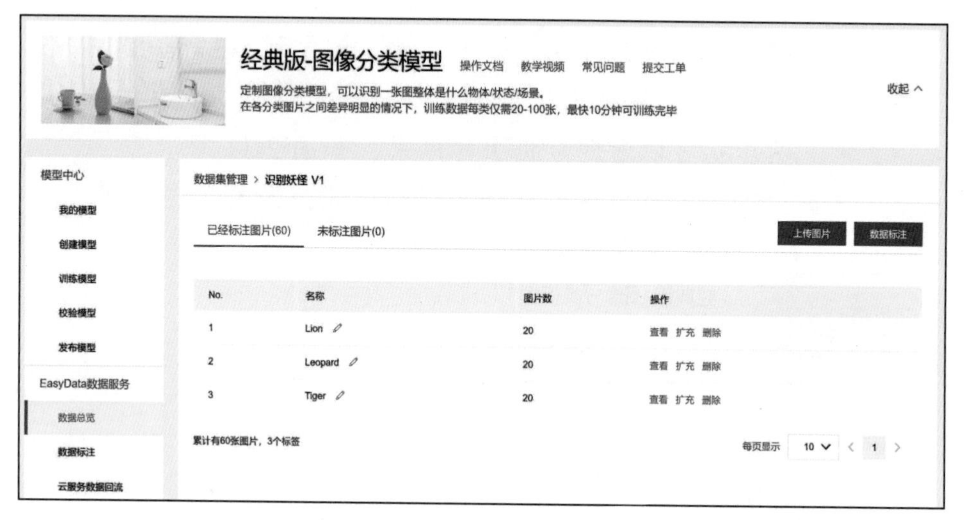

图 2-12　数据集详情

第三步　训练模型并校验结果

在前两步已经创建好了一个图像分类模型，并且创建了数据集。本步骤的主要任务是用上传的数据一键训练模型，并且模型训练完成后，可在线校验模型效果。

（1）训练模型。

在第二步的数据上传成功后，在 训练模型 中，选择之前创建的图像分类模型，添加分类数据集，开始训练模型。训练时间与数据量有关，在训练过程中，可以设置训练完成的短信提醒并离开页面，如图 2-13 ～图 2-16 所示。

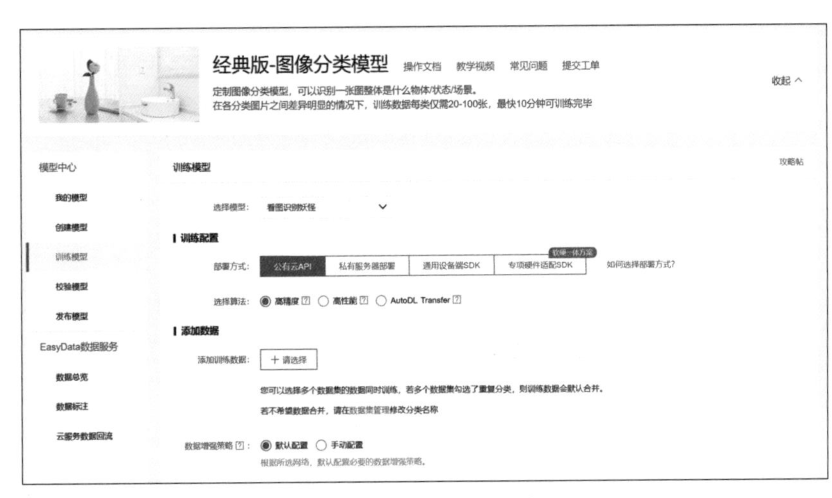

图 2-13　添加数据集

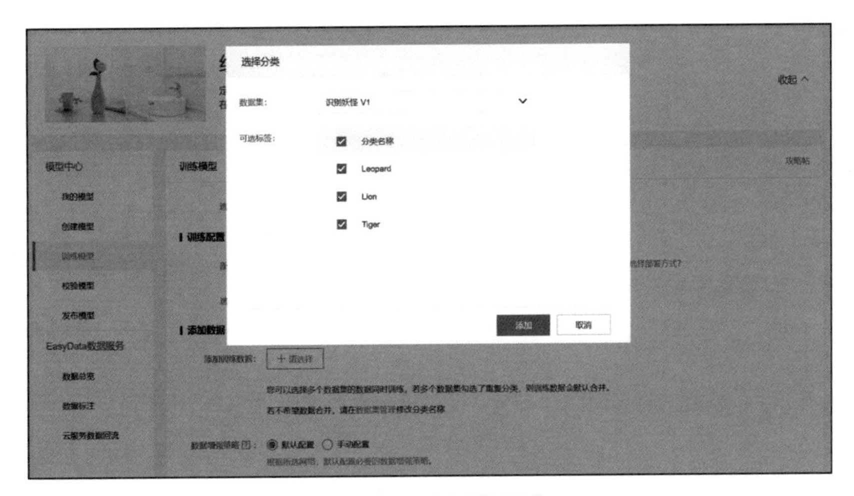

图 2-14　选择数据集

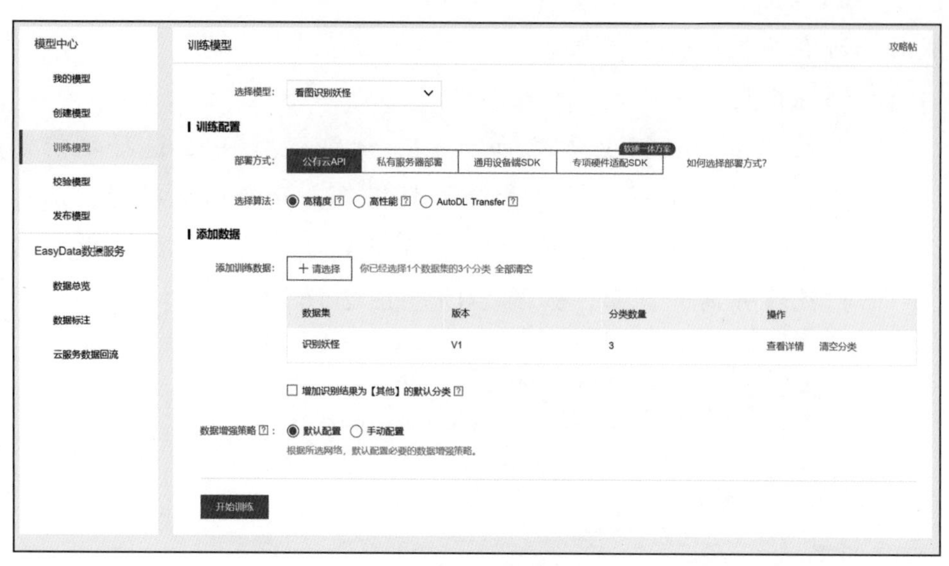

图 2-15　训练模型

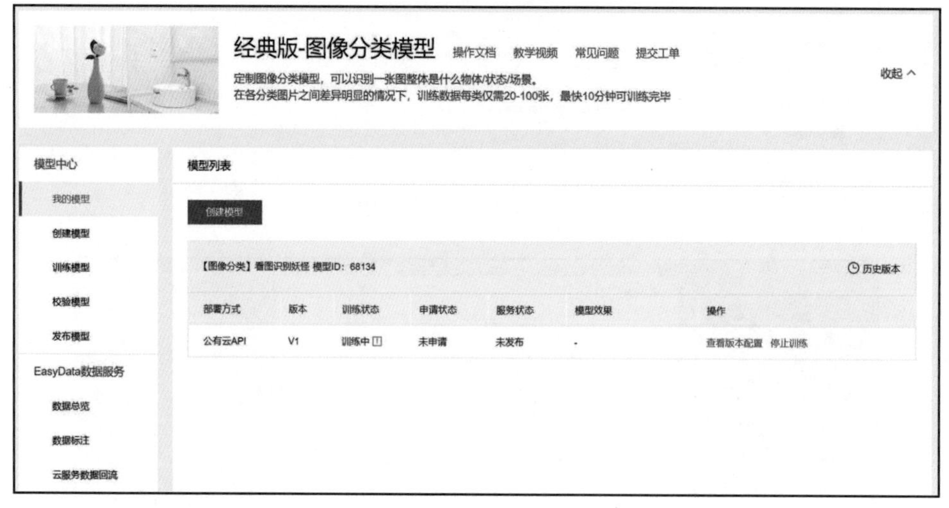

图 2-16　模型训练中

（2）查看模型效果。

模型训练完成后，在 我的模型 列表中可以看到模型效果以及详细的模型评估报告，如图 2-17 和图 2-18 所示。从模型训练的整体情况可以看出该模型的训练效果还是比较优异的。

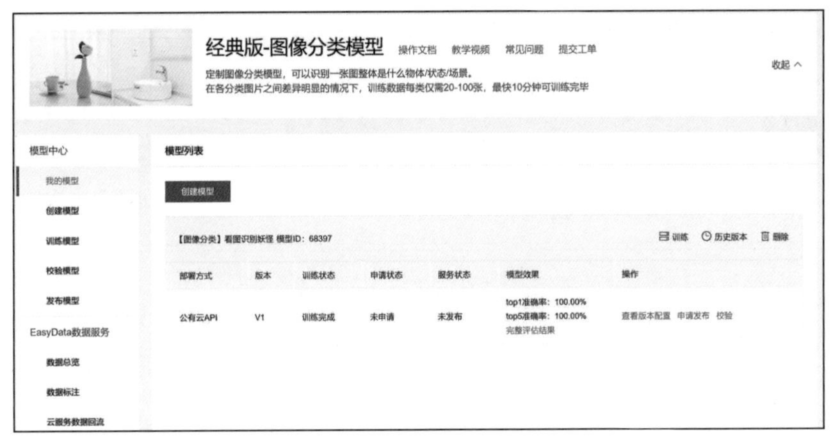

图 2-17　模型训练结果

经典版-图像分类模型　操作文档　教学视频　常见问题　提交工单

定制图像分类模型，可以识别一张图整体是什么物体/状态/场景。
在各分类图片之间差异明显的情况下，训练数据每类仅需20-100张，最快10分钟可训练完毕

收起

模型中心
我的模型
创建模型
训练模型
校验模型
发布模型
EasyData数据服务
数据总览
数据标注
云服务数据回流

模型管理 > 看图识别妖怪

看图识别妖怪评估报告

部署方式：公有云API　版本：V1　图片数：60　分类数：3

整体评估

看图识别妖怪 V1效果优异，建议针对识别错误的图片示例继续优化模型效果。 如何优化效果？

准确率 100.0%　F1-score 100.0%　精确率 100.0%　召回率 100.0%

详细评估

评估样本具体数据情况

随机测试集
预测表现　正确数量：18　错误数量：-

多个识别结果准确率效果

TOP1 100.0%
TOP2 100.0%
TOP3 100.0%
TOP4 100.0%
TOP5 100.0%

不同分类的F1-score及对应的识别错误的图片（不包含训练时可能勾选的"其他"类识别错误的图片）

Tiger 100%
Lion 100%
Leo... 100%

暂无可用数据

图 2-18　模型整体评估

知识点

准确率，等于正确识别的妖怪数 / 妖怪总数 ×100%。
召回率，等于正确识别为某类妖怪的数量 / 该类妖怪原本的数量 ×100%。

（3）校验模型。我们可以在 校验模型 列表中对模型的效果进行校验。

首先，点击 **启动模型校验服务** 按钮，如图 2-19 所示，大约需要等待 5 分钟。

图 2-19　启动校验服务

然后，准备一条图像数据，点击 **点击添加图片** 按钮添加图像，如图 2-20 所示。

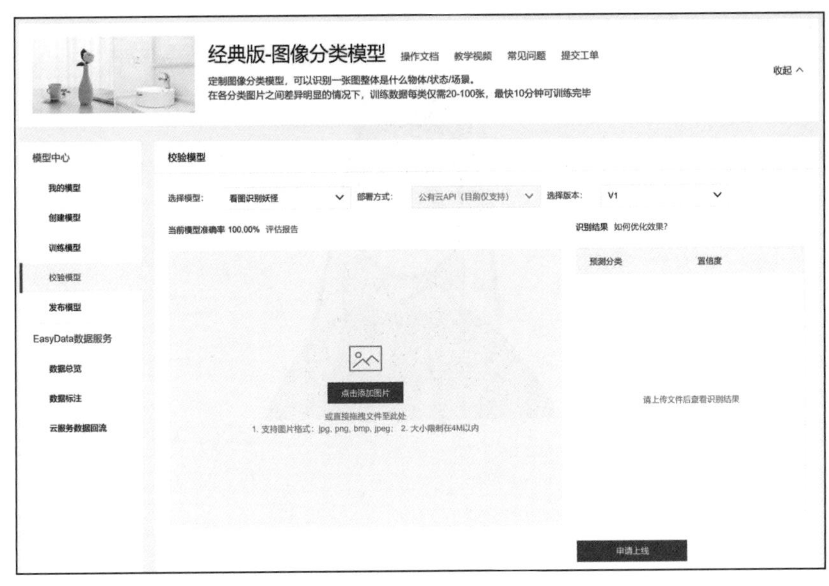

图 2-20　添加图像

最后，使用训练好的模型对上传的图像进行预测，如图 2-21 所示，图像显示的为豹子（Leopard）。

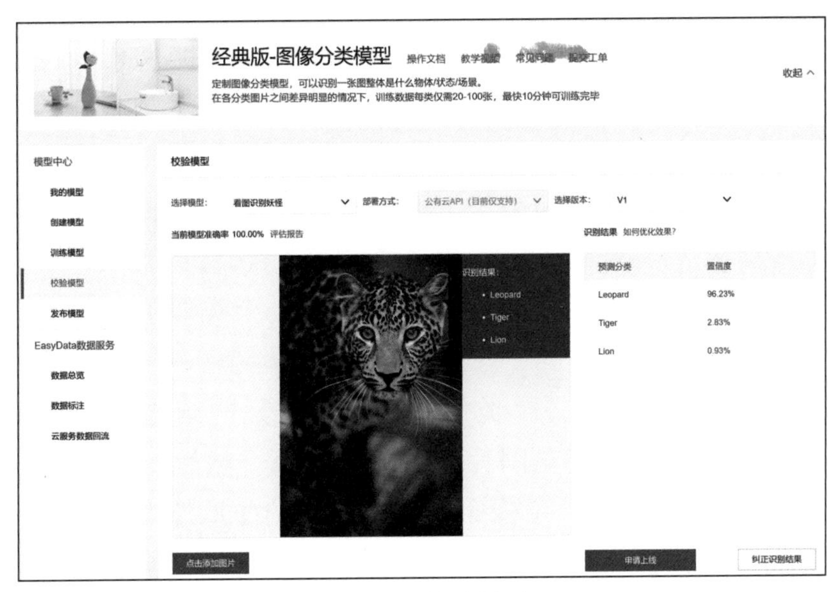

图 2-21　校验结果

最后，悟空和八戒成功识别出不同的动物，并且找到了抓走师父的妖怪。原来是黄风岭的黄风怪，二人成功救出了师父。

火眼金睛是怎么练成的

八戒救出了师父，非常开心。不过他更开心的是自己竟然和猴哥一起用人工智能找到了抓走师父的妖怪，简直太神奇了。

只不过八戒急于救师父，只顾着实践，却并没有探明这其中的奥秘。猴哥的火眼金睛到底是怎么练成的呢？

八戒带着疑惑又来请教悟空。

悟空说道："现在师父也回来了，那我就可以静下心来好好给你讲讲这其中的奥秘了。"

人工智能其实是模仿人脑思考的过程，实现一个类似于人脑神经元的结构去解决问题。

首先，人工智能会创建一个类似于人脑神经元的结构，我们称之为"模型"，它可以观察、比对、记录图片中的各种特点。然后，它给每个特点赋予一个数值，表示特点的程度，就像第 1 章里提到的西瓜外观特征值。最后，这个像人脑的结构会告诉我们，这个图片里显示的是否为妖怪。

刚开始时，这个结构跟我们小时候的大脑一样，并不"聪明"，结果经常出现错误。经过不断添加训练数据进行训练，它开始变得越来越聪明，最后就像长大的我们，能够分辨出很多类别的图片。

悟空考考你：猴子猴孙分类

悟空向八戒讲了人工智能识别妖怪的原理，八戒表示如醍醐灌顶，觉得自己的道行上升了一个层次。

不过，悟空可不是那么容易被糊弄的。他要考考八戒，看一下自己的教学成果如何。

悟空的考题

悟空要出一道考题，看看八戒能不能举一反三，这样才能验证他是否真的明白了图像分类的奥秘。

“出个什么题目呢？”悟空嘟囔着。

花果山的猴子不仅数量多，种类也很多，有猕猴、蜂猴、眼镜猴等等。出来这么久，悟空也开始想念家中的猴子猴孙了，干脆就以花果山猴子猴孙的分类作为考验八戒的题目吧。

猪八戒能否顺利过关呢？

八戒的“火眼金睛”

八戒拍拍肚皮，自信地说道：“如今我也拥有火眼金睛啦，辨别猴子的类型不在话下，你就拭目以待吧。”

与分辨妖怪类似，八戒同样想去 EasyDL 平台解决这个问题，训练一个图像分类模型来识别不同种类的猴子。

八戒来到 EasyDL 平台，开始解决猴哥给他出的题目。

花果山猴子分类

第一步 创建模型

这个阶段的主要任务是选择平台类型，确定模型类型，配置模型基本信息（包括名称等），并记录希望模型实现的功能。

（1）打开 EasyDL 平台主页，网址为 https://ai.baidu.com/easydl/，显示如图 2-22 所示。

点击图 2-22 中的 快速开始 按钮，显示如图 2-23 所示的“快速开始”选择框。训练平台选择 经典版 ，模型类型选择 图像分类 ，点击 进入操作台 按钮，显示如图 2-24 所示的操作台页面。

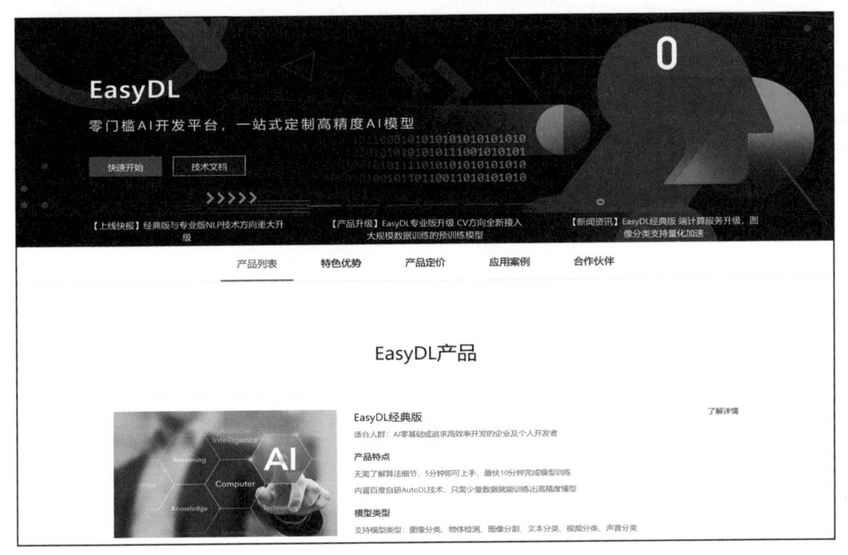

图 2-22　EasyDL 平台主页

图 2-23　选择平台版本和模型类型

（2）在图 2-24 显示的操作台页面创建模型。

点击操作台页面中的 创建模型 按钮，显示的页面如图 2-25 所示，填写模型名称为**花果山猴子分类**，模型归属选择 个人 ，填写联系方式、功能描述等信息，点击 下一步 按钮，完成模型创建。

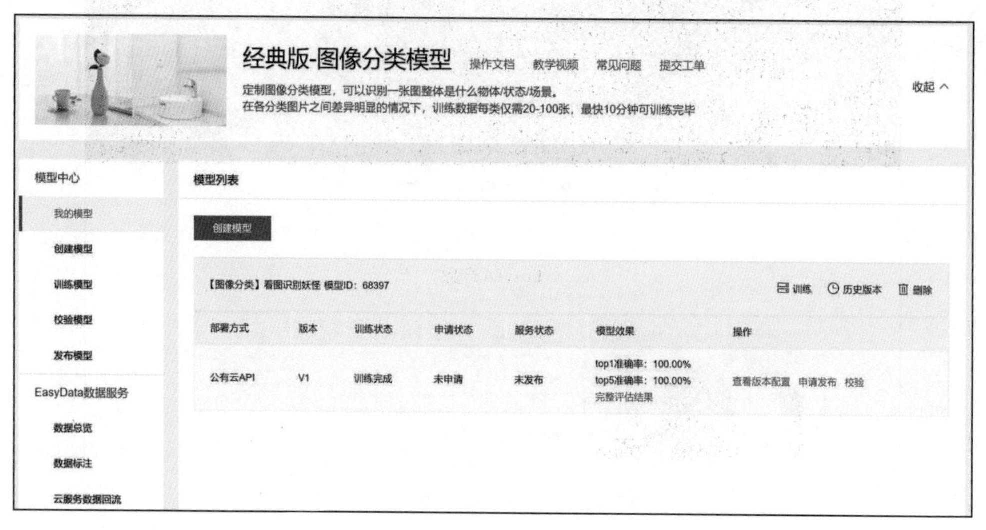

图 2-24　操作台页面

经典版-图像分类模型　操作文档　教学视频　常见问题　提交工单

定制图像分类模型，可以识别一张图整体是什么物体/状态/场景。
在各分类图片之间差异明显的情况下，训练数据每类仅需20-100张，最快10分钟可训练完毕

收起

模型中心
我的模型
创建模型
训练模型
校验模型
发布模型
EasyData数据服务
数据总览
数据标注
云服务数据回流

模型列表 > 创建模型

模型类别：图像分类
• 模型名称：花果山猴子分类
模型归属：公司　个人
• 邮箱地址：l**********@qq.com
• 联系方式：136*****105
• 功能描述：利用EasyDL实现花果山猴子分类。
18/500
下一步

图 2-25　创建模型

（3）模型创建成功后，可以在 我的模型 列表中看到刚刚创建的模型**花果山猴子分类**，如图 2-26 所示。

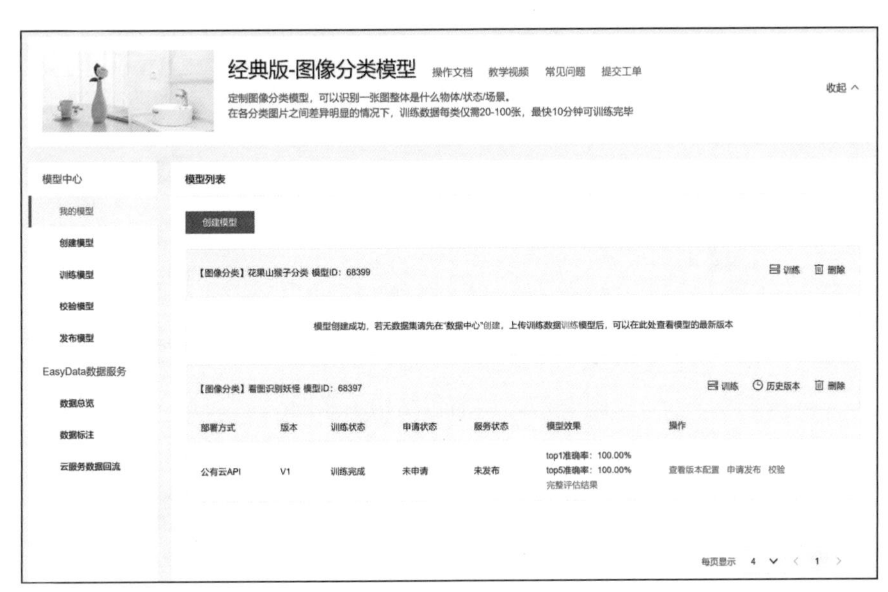

图 2-26　模型列表

第二步　准备数据

这个阶段的主要任务是根据具体图像分类的任务准备相应的数据集，并把数据集上传到平台上，用来训练模型。

（1）准备数据集。

首先扫描封底二维码下载压缩包，在［上册 – 第 2 章 – 实验 2］中找到训练模型所需的图像数据。对于猴子分类任务，我们准备了三种猴子的图像，分别为猕猴、蜂猴和眼镜猴。图片类型均为 .jpg 格式，除此之外也支持 .png、.bmp、.jpeg 图片类型。之后，需要将准备好的图片按照分类存放在不同的文件夹里，同时将所有文件夹压缩为 .zip 格式。

然后，需要将准备好的图像数据按照分类存放在不同的文件夹里，文件夹名称即为图像对应的类别标签（mihou、

fenghou、yanjinghou)，此处要注意图像类别名即文件夹名称，需要以字母、数字或下划线命名，不支持中文命名。

最后，将所有文件夹压缩，命名为 monkeys.zip，压缩包的结构示意图如图 2-27 所示。

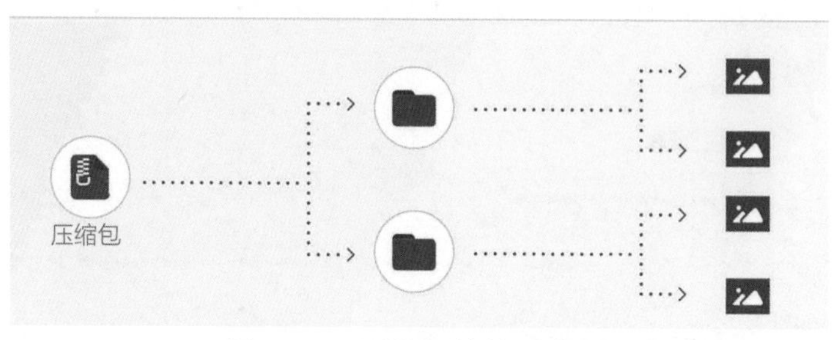

图 2-27　压缩包结构示意图

（2）上传数据集。

点击图 2-28 显示的 数据总览 中的 创建数据集 按钮，进行数据集的创建。如图 2-29 所示，填写数据集名称，点击 上传压缩包 按钮，选择 monkeys.zip 压缩包。可以在如图 2-30 所示的页面中下载示例压缩包，查看数据格式要求。选择好压缩包后，点击 确认并返回 按钮，成功上传数据集。

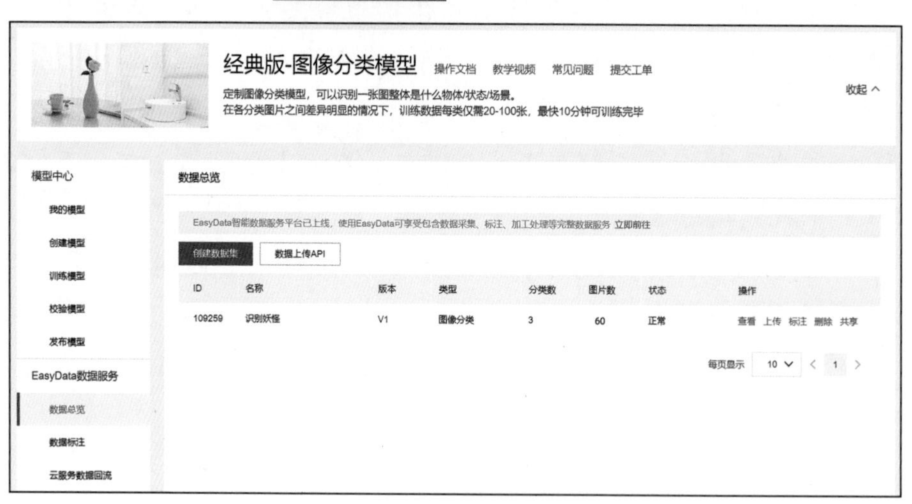

图 2-28　创建数据集

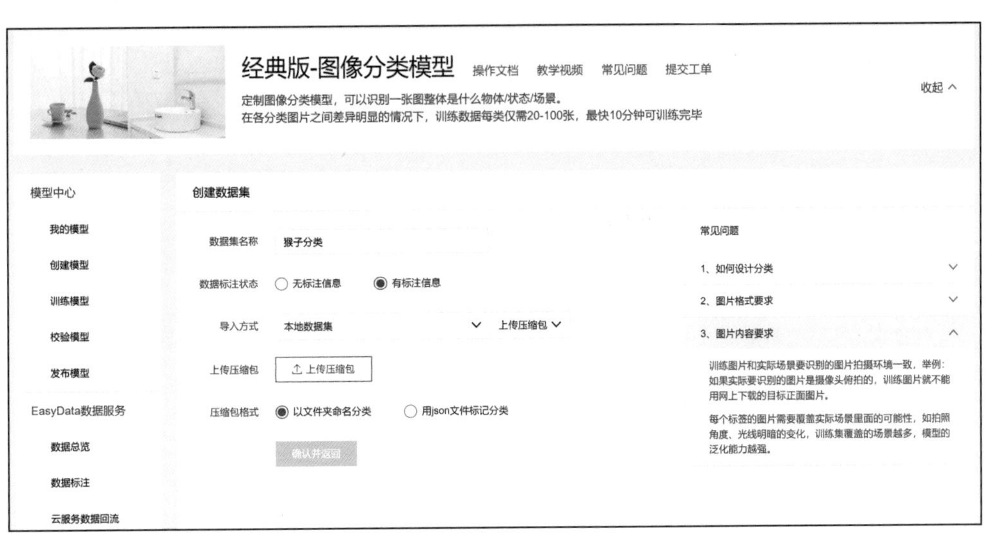

图 2-29　选择压缩包

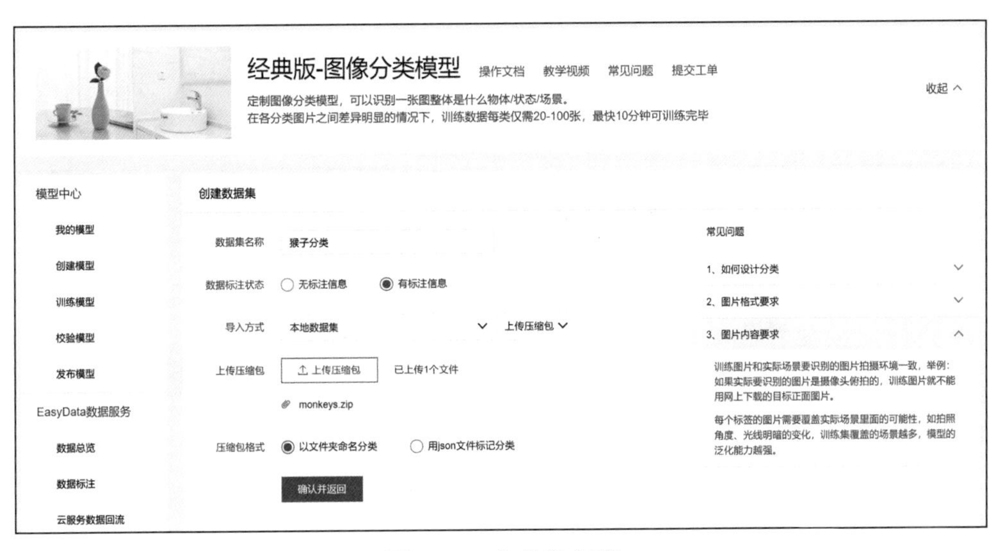

图 2-30　上传数据集

（3）查看数据集。

上传成功后，可以在 数据总览 中看到数据的信息，如图 2-31 所示。数据上传后，需要一段处理时间，大约为几分钟，然后就可以看到数据上传结果，如图 2-32 所示。

点击 查看 ，可以看到数据的详细情况，如图 2-33 所示。

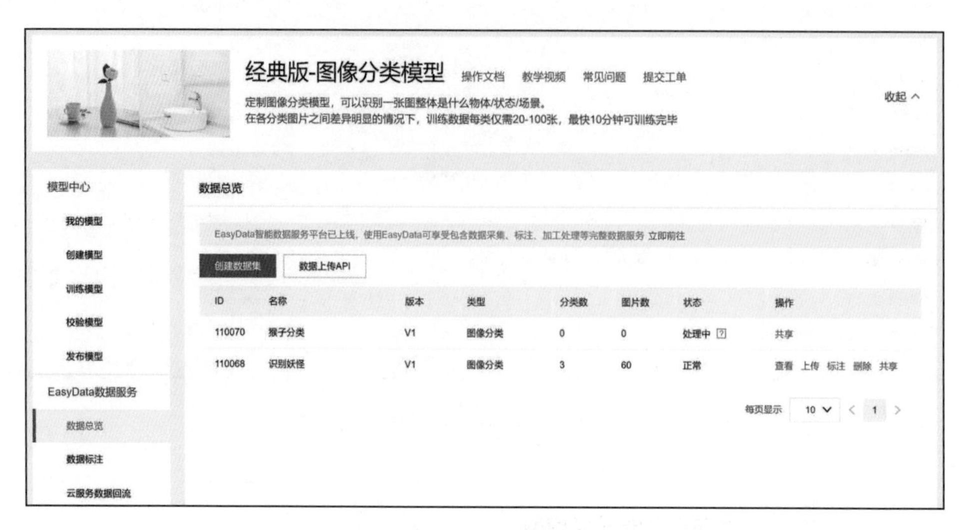

图 2-31　数据集展示

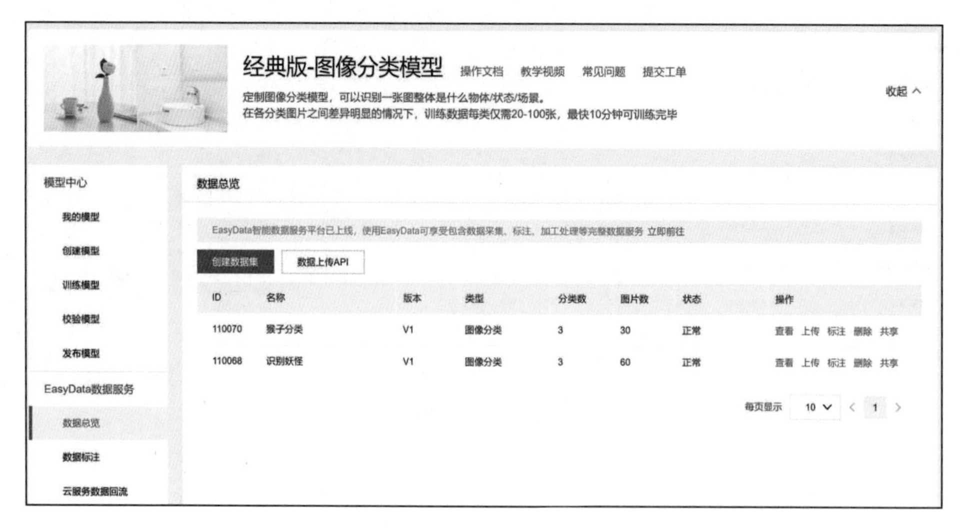

图 2-32　数据上传结果

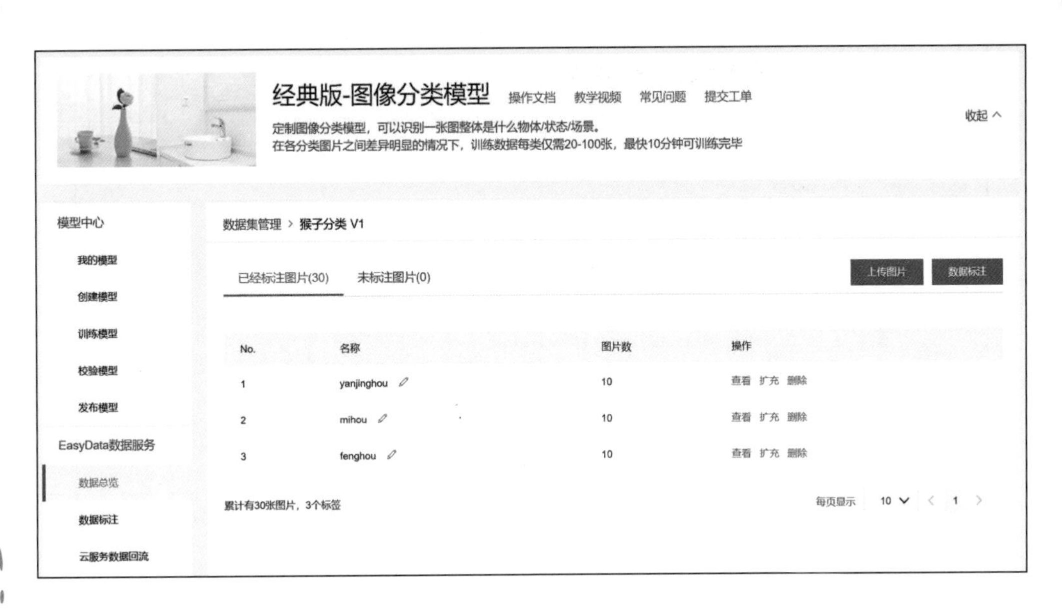

图 2-33　数据集详情

第三步　训练模型并校验结果

在前两步已经创建好了一个图像分类模型，并且创建了数据集。本步骤的主要任务是用上传的数据一键训练模型，并且模型训练完成后，可在线校验模型效果。

（1）训练模型。

在第二步的数据上传成功后，在 训练模型 列表中，选择之前创建的图像分类模型，添加分类数据集，开始训练模型。训练时间与数据量有关。在训练过程中，可以设置训练完成的短信提醒并离开页面，如图 2-34 ～图 2-37 所示。

图 2-34　添加数据集

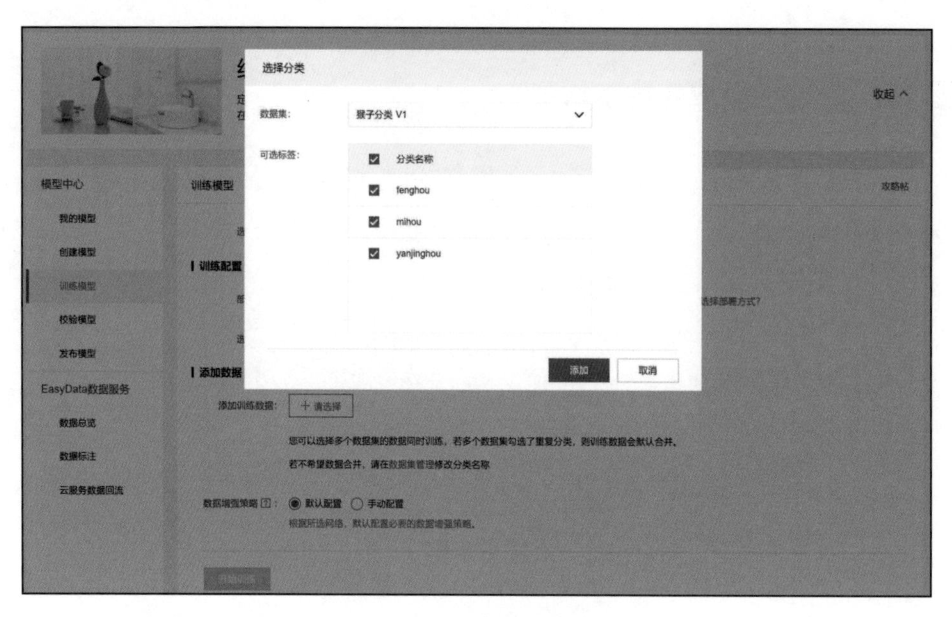

图 2-35　选择数据集

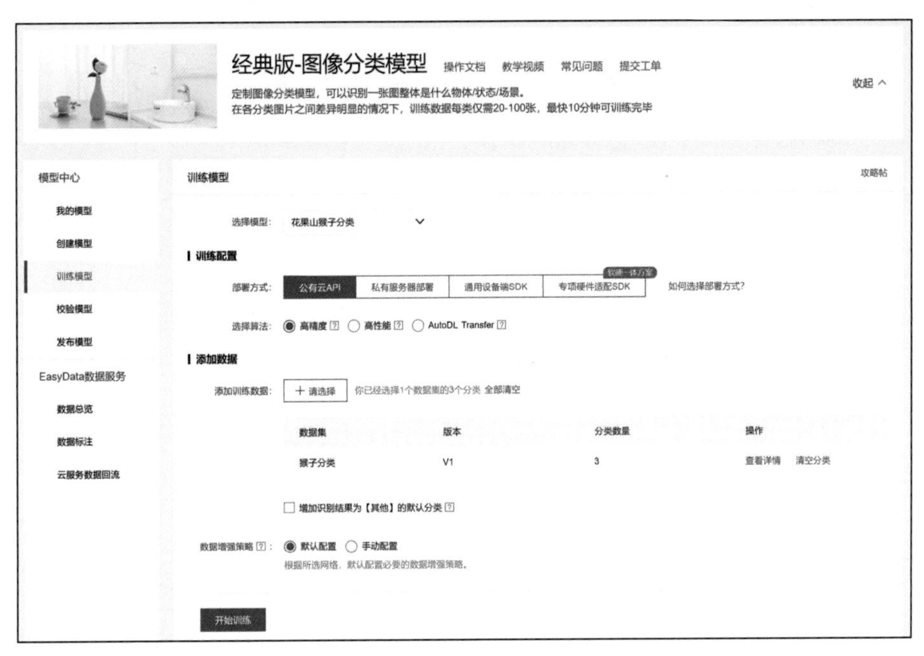

图 2-36　训练模型

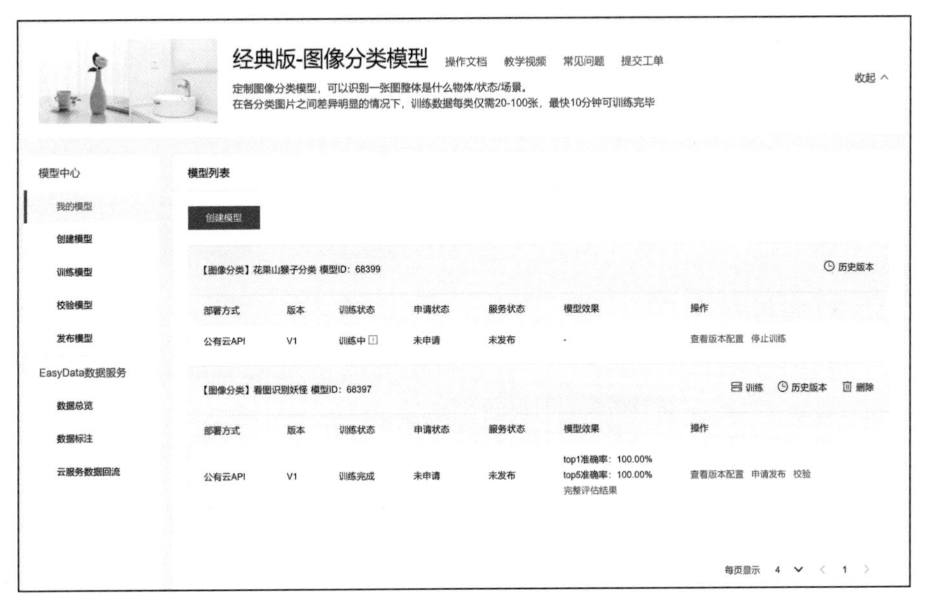

图 2-37　模型训练中

（2）查看模型效果。

模型训练完成后，在 我的模型 列表中可以看到模型效果以及详细的模型评估报告，如图 2-38 和图 2-39 所示。从模型训练的整体情况可以看出，该模型的训练效果还是比较优异的。

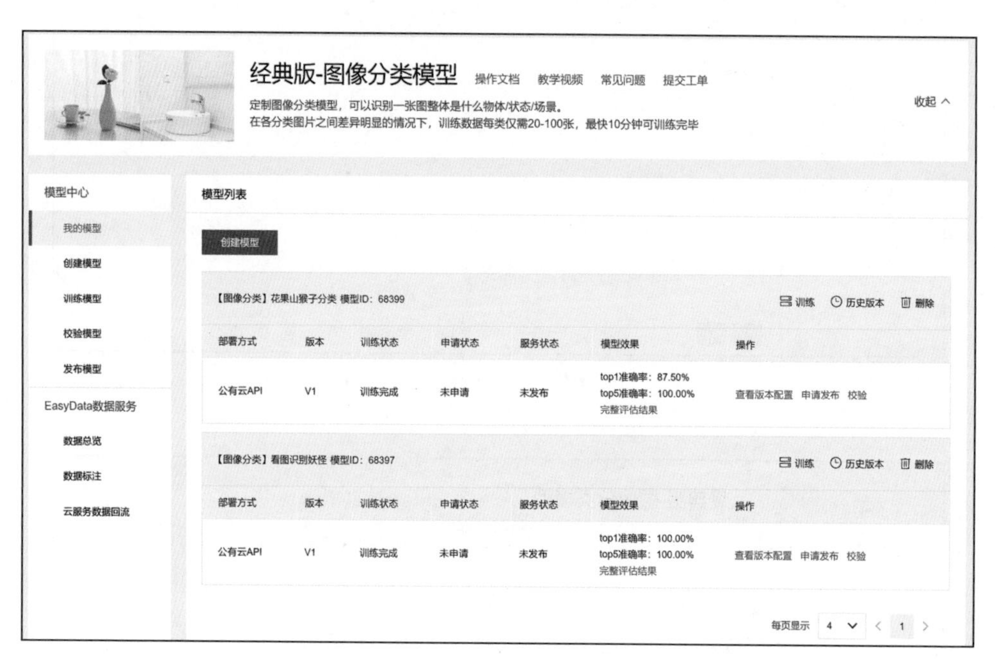

图 2-38 模型训练结果

（3）校验模型。

我们可以在 校验模型 中对模型的效果进行校验。

首先，点击 启动模型校验服务 按钮，如图 2-40 所示，大约需要等待 5 分钟。

然后，准备一条图像数据，点击 点击添加图片 按钮添加图像，如图 2-41 所示。

最后，使用训练好的模型对上传的图像进行预测，如图 2-42

所示，显示属于猕猴。

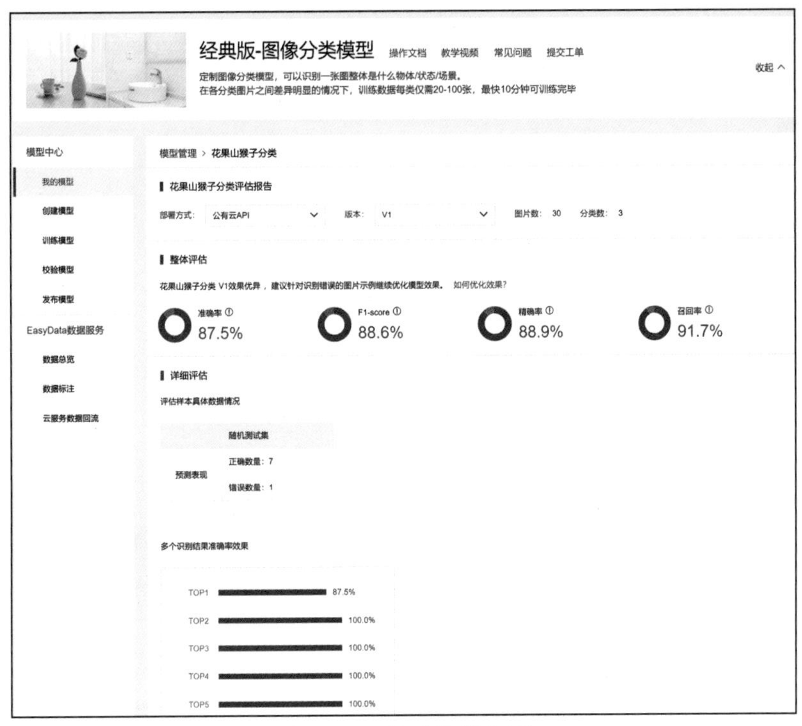

图 2-39 模型整体评估

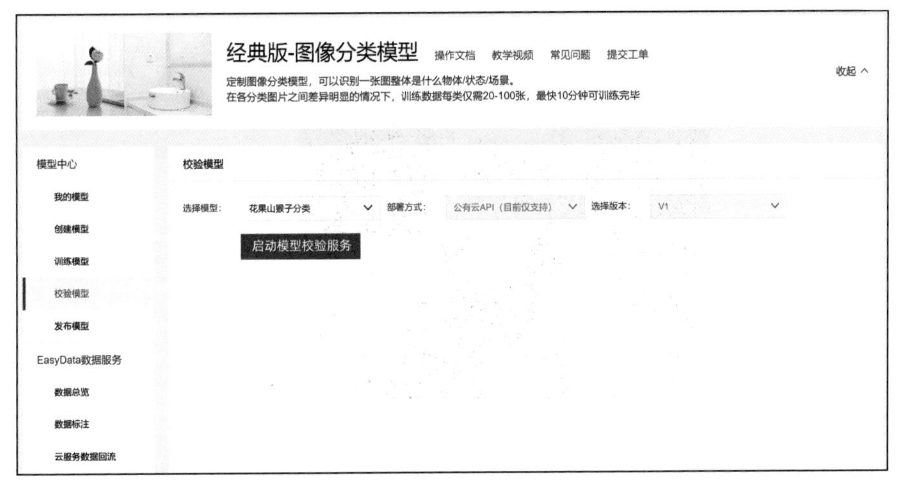

图 2-40 启动模型校验服务

图 2-41　添加图像

图 2-42　校验结果

最后，八戒独立完成了给花果山猴子猴孙分类的任务，顺利通过了悟空的考验。

八戒开心地说道：“怎么样，猴哥？我还不错吧！”

悟空连连点头，说道：“恭喜你通过考验！没让为兄失望，以后我再也不喊你呆子了。”

家庭作业

想一想：生活中有哪些图像分类的应用场景？

做一做：使用图像分类完成人物分类。

千里神眼识参果，八戒寻物哄师父

悟空和八戒救出师父后，怕再生事端，加快脚步离开了黄风岭，继续西行。这天，唐僧一行人来到万寿山，山中有一座“五庄观”。观中镇元大仙乃唐僧故友，师徒四人上山入观。

四人进入观中，得知镇元大仙上天赴会，不过临行前他吩咐弟子准备两个人参果与唐僧吃。因其状似婴孩，唐僧不忍食用，被镇元大仙的弟子吃掉了。八戒在一旁垂涎欲滴，忍不住想去果园偷人参果吃。

来自八戒的求助，寻找人参果

八戒悄悄来到后山的果园，想要偷人参果吃，结果看到满园子的果子各种各样，让人眼花缭乱，可是人参果在哪里呢？八戒找了半天也没找到，只能再次向大师兄求助。

悟空看到八戒满脸愁容，问道："说吧，又遇到什么难题了？"

八戒便把自己的难题说了出来。悟空笑道："原来是找人参果，这老道士的果园确实是大，这么多果子。"

悟空用火眼金睛扫视了一遍果园，说道："莫怕，俺老孙的火眼金睛这个时候同样有效，能够进行物体检测，一眼就能寻到人参果。"

八戒疑惑问道："物体？检测？又是何物？"

悟空仰天大笑，说道："哈哈，怪我又给你讲名词了。物体其实就是你想要找的人参果；检测嘛，自然就是寻找的意思。"

八戒恍然大悟："原来如此，有意思。那猴哥，你上次告诉我的那个叫什么开放平台的，是不是也有这种物体检测技能呀？"

悟空有点恨铁不成钢，失望地说道："是百度 AI 开放平台！都带你去过一次了，竟还不记得，亏我还说再也不叫你呆子了。"

八戒憨憨地说道："好了猴哥，你不要生气，你再带我去一次，我肯定就记得了。"

AI 在线体验课之物体检测

悟空拿出笔记本电脑，在浏览器中迅速输入网址 https://ai.baidu.com/productlist，按回车键，进入百度 AI 开放平台的首页，点击 图像技术 ，选择 车辆分析 ，在新页面中继续选择 车辆检测 ，寻找停车场中的车，这个和寻找人参果最相似，悟空想这个例子肯定能让八戒明白物体检测是怎么回事。

选择一张停车场的图片，人工智能就能迅速找出图片中车辆的位置。

八戒看着屏幕中圈出的车辆，高兴地喊道："对！我就是要做这件事情，把人参果都给我圈出来。"

悟空无奈笑道："果然还是个呆子。"

八戒焦急说道："猴哥，你快教我怎么找人参果吧，我这口水忍不住一直流，再吃不到人参果，我就要难受死了。"

悟空说道："好，传授你技能就是了。"

人参果在哪，悟空一看便知

虽然八戒这次的求助让悟空很是无奈，不过总归他还是好学的，因此，悟空还是想着尽心教他，也许日后有更重要的用处，能一起保护师父也不错。

八戒的方法

悟空说道："还是你先来说一下，你平时寻找物体的方法是怎样的。"

八戒摸着头说道："也没有特别好的办法，这不像识别妖怪那样，只需要判断图里显示的是什么妖怪就行，寻找物体时不仅要识别出物体类别，还要找到具体的位置。"

八戒接着说道："我的方法就是把图片分成很多小方块，一个小方块一个小方块地逐一去对比，直到找到想找的物体。拿找鸟来说吧，我会从图像的左上方开始，一小块一小块地找，找的时候就对比小方块是不是有鸟的特点，比如有翅膀、会飞等等，直到找完整幅图像。"

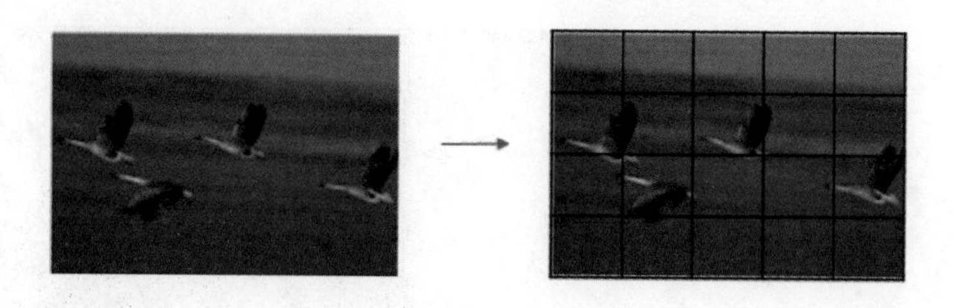

八戒的困惑

“不过，这种方法不好用，所以我一直觉得寻找物体这个事情太难了。”八戒又补充道。

悟空问道：“说说看，怎么不好用？”

“首先，这个方法太慢了，要一点一点看完整个图片，我眼睛都看疼了；还有，如果我选的小方块大小不合适，可能根本就找不到鸟。”八戒说道。

悟空的升级版火眼金睛

悟空说道：“你不要着急，我还是带你一起去 EasyDL 平台用火眼金睛来帮你寻找人参果。”

八戒兴奋地说道：“好呀好呀！”

悟空拿出电脑，在浏览器里输入 EasyDL 平台的网址 https://ai.baidu.com/easydl/，准备帮助八戒找出果园中的人参果。

八戒则在旁边兴奋地看着。

寻找人参果

第一步 创建模型

这个阶段的主要任务是选择平台类型，确定模型类型，配置模型基本信息（包括名称等），并记录希望模型实现的功能。

（1）打开EasyDL平台主页，网址为https://ai.baidu.com/easydl/，显示的页面如图3-1所示。

点击图3-1中的 快速开始 按钮，显示如图3-2所示的“快速开始”选择框。训练平台选择 经典版 ，模型类型选择 物体检测 ，点击 进入操作台 按钮，显示图3-3所示的操作台页面。

图3-1　EasyDL平台主页

图 3-2　选择平台版本和模型类型

（2）在图 3-3 所示的操作台页面创建模型。

点击操作台页面中的 创建模型 按钮，显示如图 3-4 所示的界面，填写模型名称**寻找人参果**，模型归属选择 个人 ，填写联系方式、功能描述等信息，点击 下一步 按钮，完成模型创建。

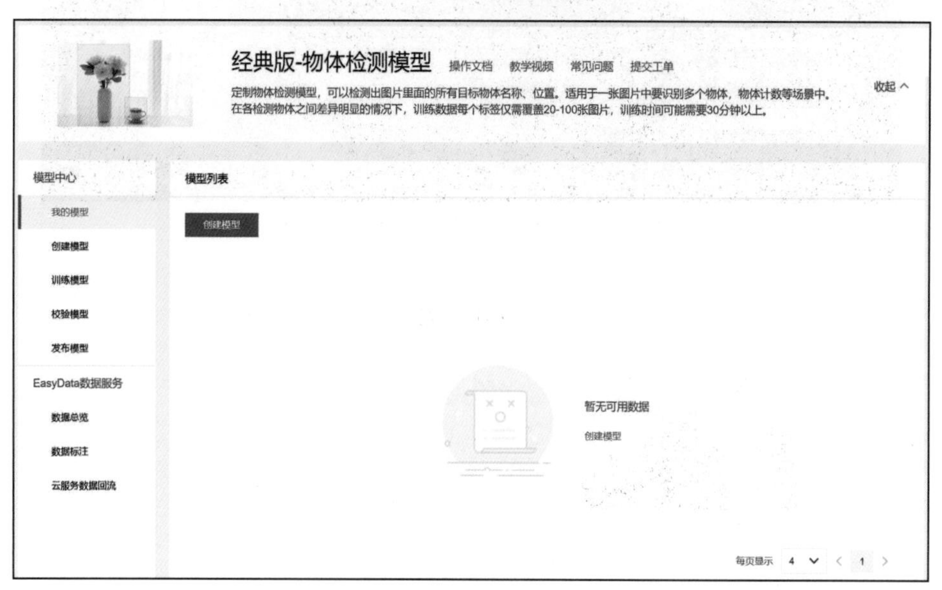

图 3-3　操作台页面

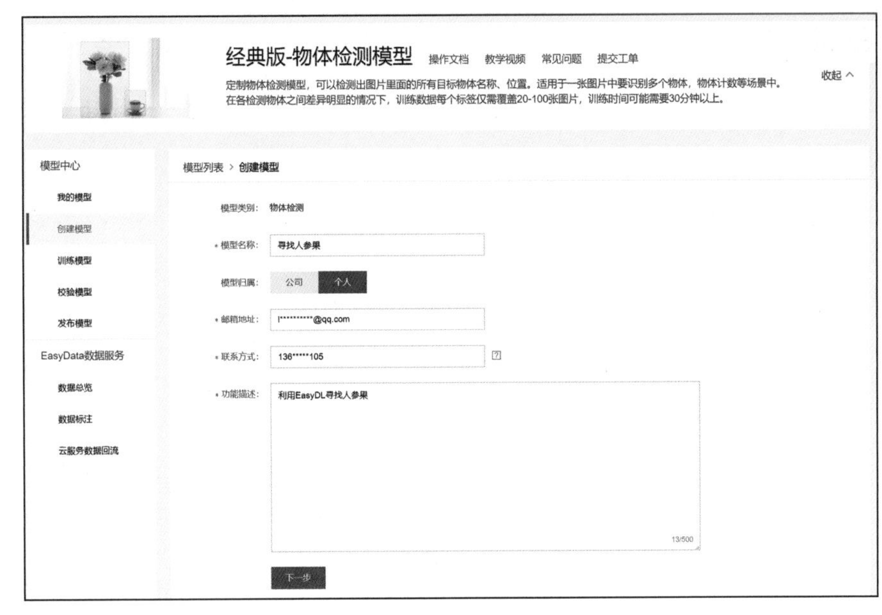

图 3-4　创建模型

（3）模型创建成功后，可以在 我的模型 列表中看到刚刚创建的模型**寻找人参果**，如图 3-5 所示。

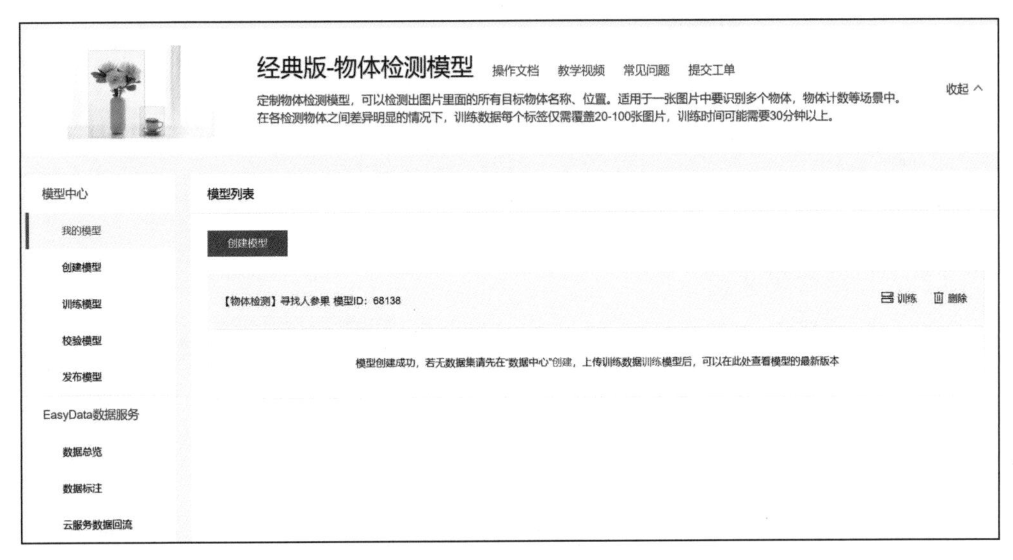

图 3-5　模型列表

第二步 准备数据

这个阶段的主要任务是根据具体物体检测的任务准备相应的数据集，并把数据集上传到平台上，用来训练模型。

（1）准备数据集。

首先扫描封底二维码下载压缩包，在［上册－第 3 章－实验 1］中找到所需数据。对于寻找人参果任务，我们准备了包含人参果的不同场景下的图片。图片类型支持 .png、.bmp、.jpeg 格式。之后，需要将准备好的图片按照分类存放在不同的文件夹里，同时将所有文件夹压缩为 .zip 格式。

将准备好的图像数据放在文件夹中，将文件夹压缩，命名为 renshenguo.zip，压缩包的结构示意图如图 3-6 所示。

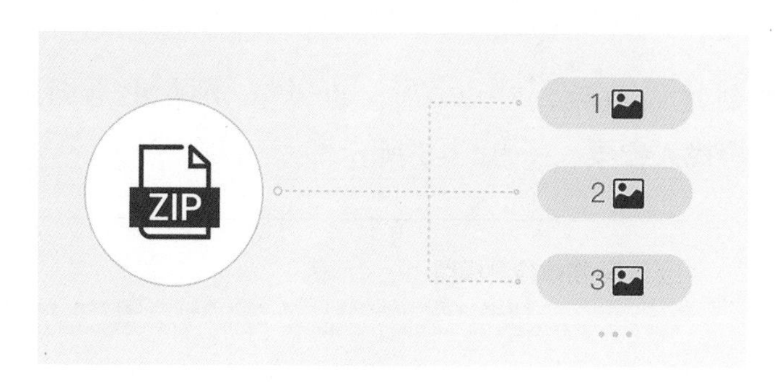

图 3-6　压缩包结构示意图

（2）上传数据集。

点击图 3-7 显示的 数据总览 中的 创建数据集 按钮，进行数据集创建。如图 3-8 所示，填写数据集名称，点击 上传压缩包 按钮，选择 renshenguo.zip 压缩包。可以在如图 3-9 所示的页面中下载示例压缩包，查看数据格式要求。

选择好压缩包后，点击 确认并返回 按钮，成功上传数据集。

图 3-7 创建数据集

图 3-8 选择压缩包

图 3-9　上传数据集

（3）查看数据集。

上传成功后，可以在 数据总览 中看到数据的信息，如图 3-10 所示。数据上传后，需要一段处理时间，大约为几分钟，然后就可以看到数据上传结果，如图 3-11 所示。

点击 查看 ，可以看到数据的详细情况，如图 3-12 所示。

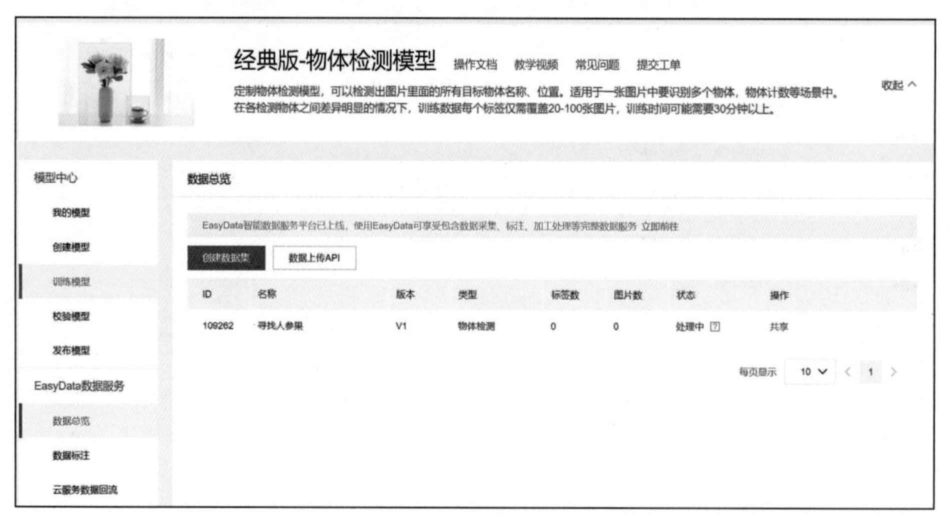

图 3-10　数据集展示

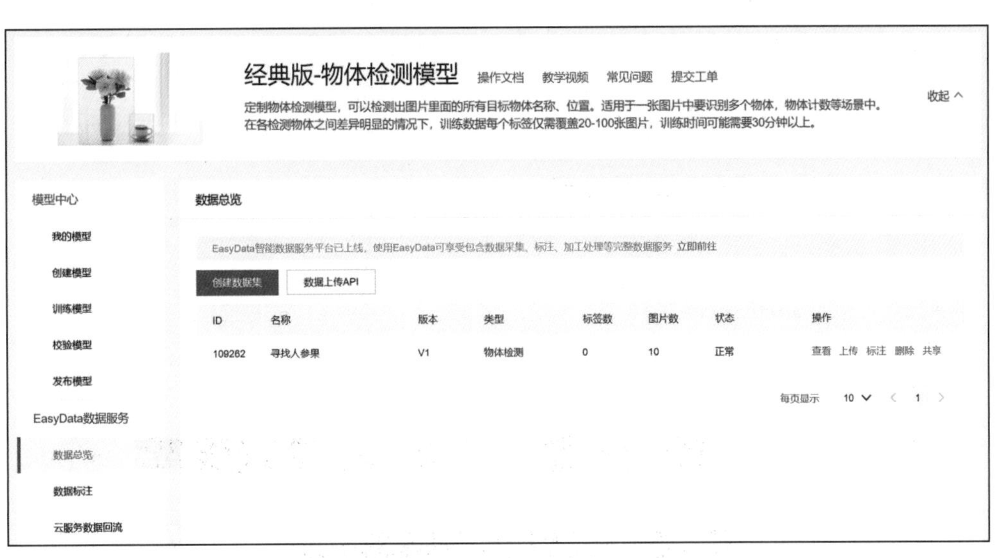

图 3-11　数据上传结果

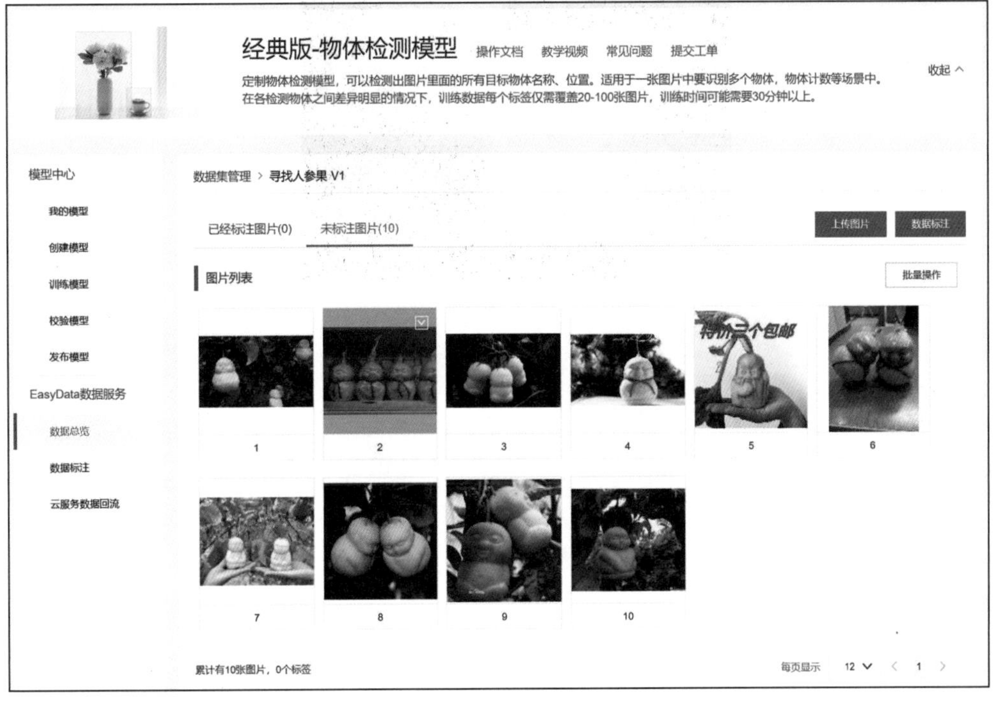

图 3-12　数据集详情

在物体检测任务中，还需要对数据进行标注，点击 数据标注 ，对每一条数据进行标注，如图 3-13 所示。

图 3-13　数据标注

第三步　训练模型并校验结果

在前两步已经创建好了一个物体检测模型，并且创建了数据集。本步骤的主要任务是用上传的数据一键训练模型，并且模型训练完成后，可在线校验模型效果。

（1）训练模型。

在第二步的数据上传成功后，在 训练模型 中，选择之前创建的物体检测模型，添加分类数据集，开始训练模型。训练时间与数据量有关。在训练过程中，可以设置训练完成的短信提醒并离开页面，如图 3-14 ～图 3-17 所示。

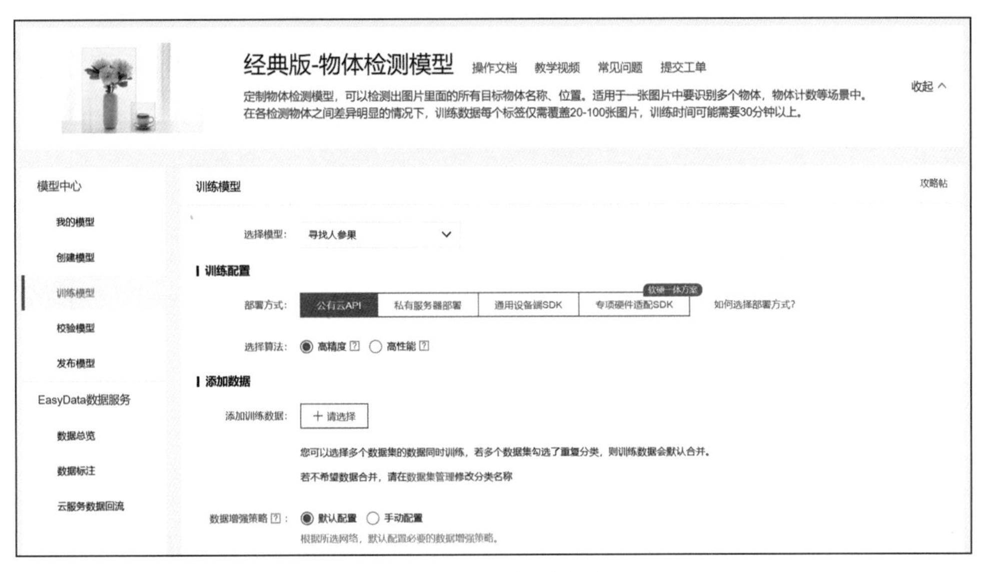

图 3-14　添加数据集

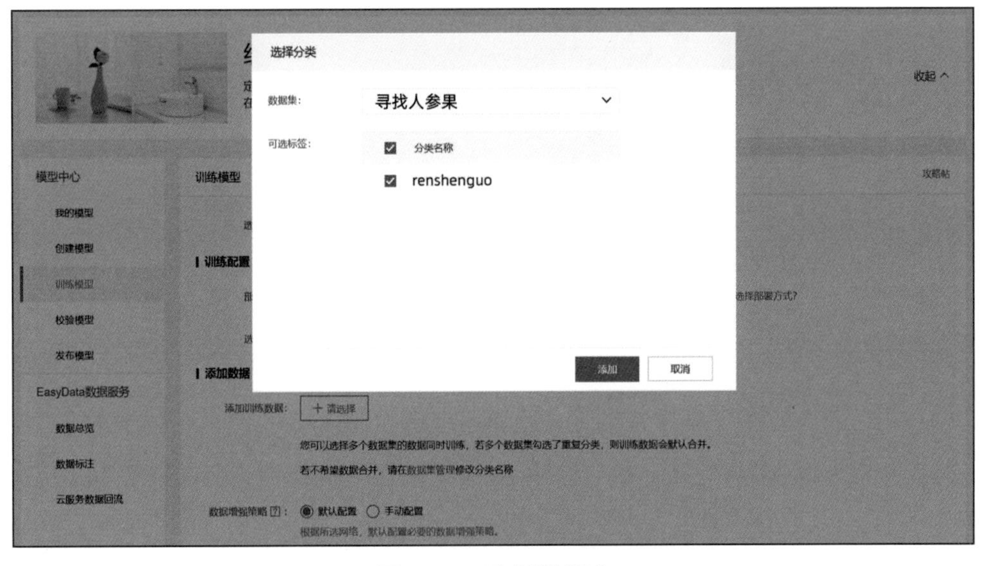

图 3-15　选择数据集

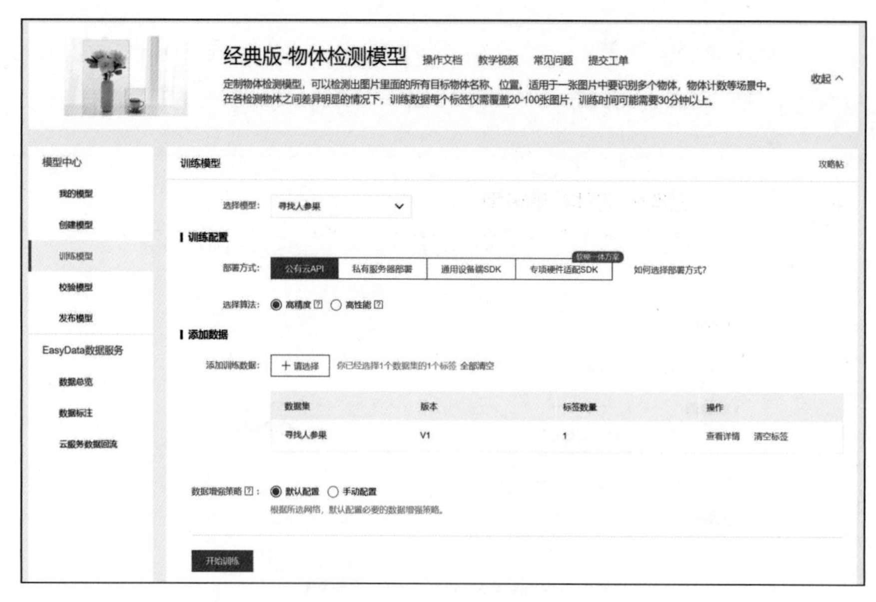

图 3-16　训练模型

图 3-17　模型训练中

（2）查看模型效果。

模型训练完成后，在 我的模型 列表中可以看到模型效果，以及详细的模型评估报告，如图 3-18 和图 3-19 所示。

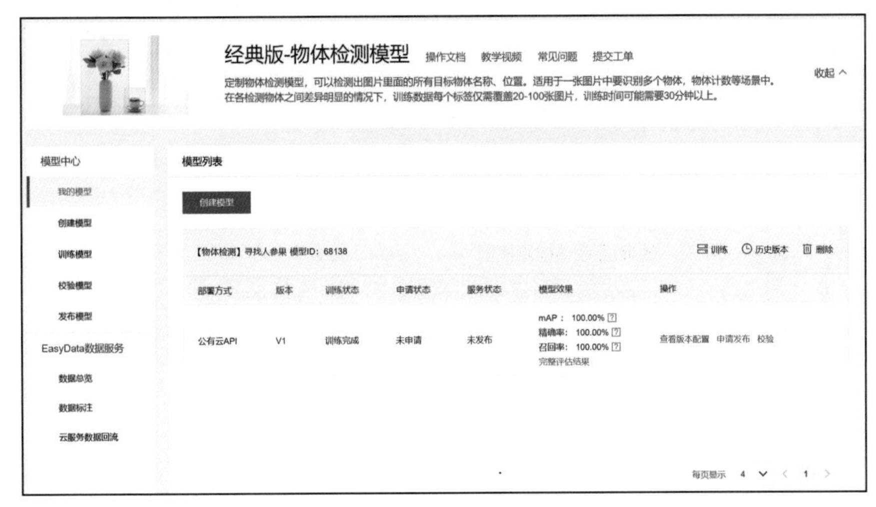

图 3-18 模型训练结果

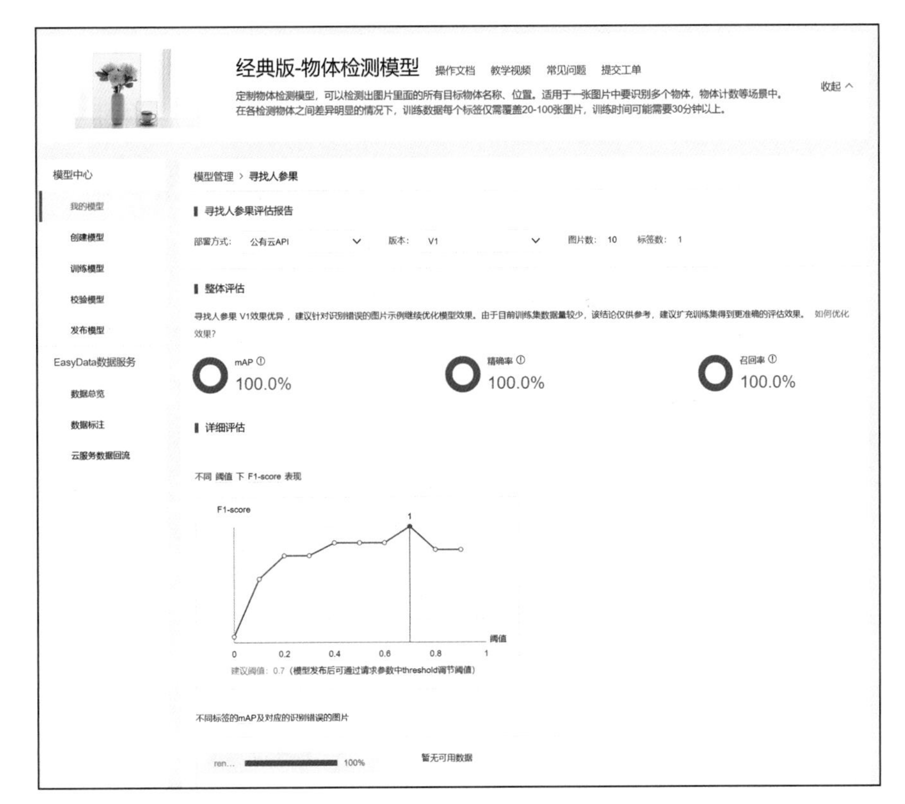

图 3-19 模型整体评估

（3）校验模型。

我们可以在 校验模型 中对模型的效果进行校验。

首先，点击 启动模型校验服务 按钮，开始模型校验，如图 3-20 所示，大约需要等待 5 分钟。

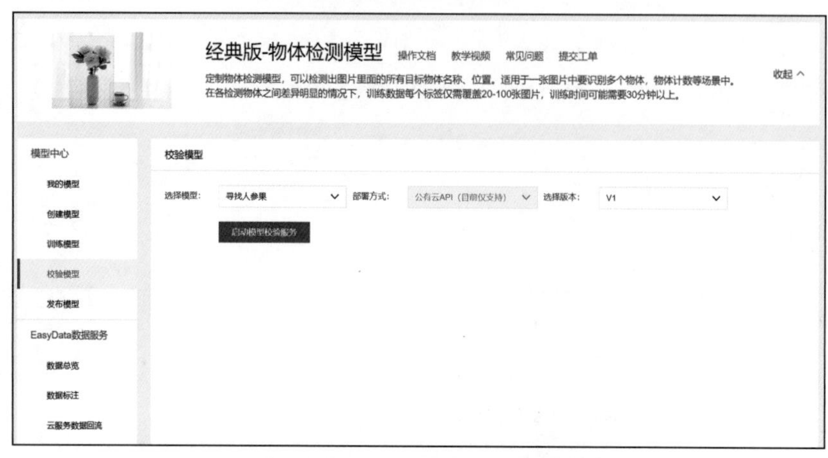

图 3-20　启动校验服务

然后，准备一条图像数据，点击 点击添加图片 按钮添加图像，如图 3-21 所示。

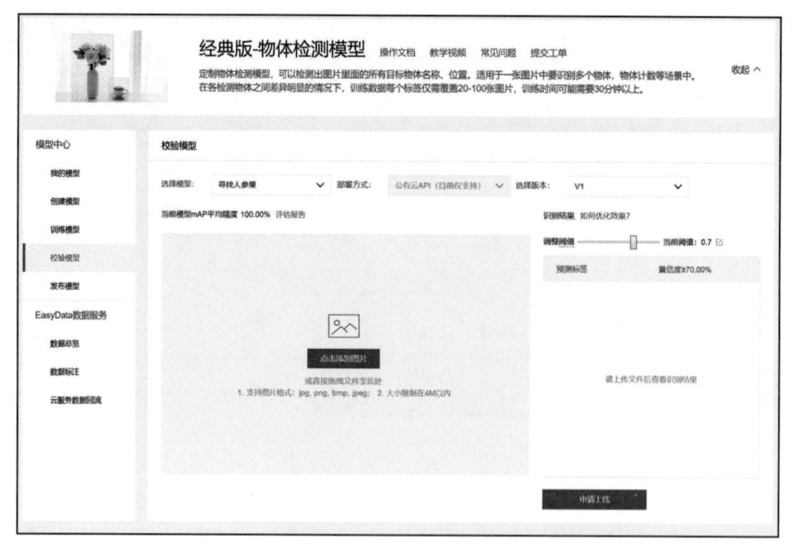

图 3-21　添加图像

最后，使用训练好的模型对上传的图像进行预测，如图 3-22 所示，成功找出人参果的位置。

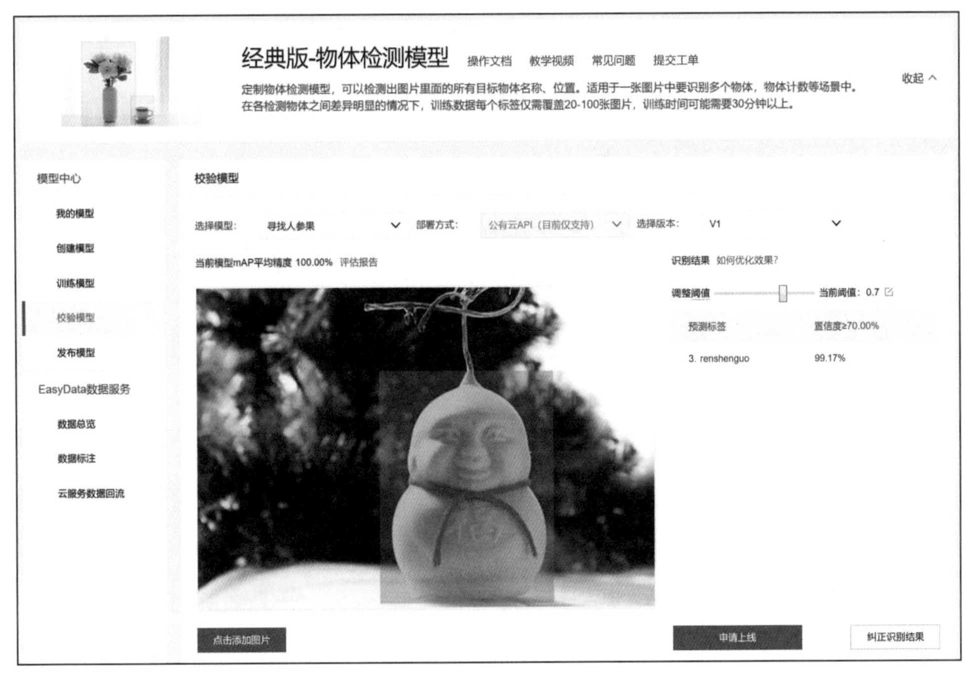

图 3-22　校验结果

悟空帮助八戒找到了果园中的人参果，八戒开心地蹦了起来，跑过去摘了三个人参果，津津有味地吃起来。

悟空看着八戒那样子，又无奈又觉得好笑，说道：“八戒，偷吃总归不好，等会咱们还是去跟这园子的主人说一声吧。”

八戒抹抹嘴巴，说道：“没关系的，这园子的主人不是不在嘛。”

“不行，那就等主人回来了去说。”悟空认真起来。

八戒说道：“好，知道了。”

火眼金睛是怎么升级的

八戒吃完人参果，心满意足地摸了摸肚子。不过他更开心的是自己从大师兄那里学来的火眼金睛技能升级了。

刚刚只顾着吃了，忘记请教大师兄物体检测的奥秘。猴哥的火眼金睛到底是怎么升级的呢？

八戒带着疑惑又来请教悟空。

悟空说道："你现在吃好了，才想起来要学习理论知识呀？"

八戒不好意思地说道："猴哥，你别取笑我了，你知道我就是爱吃，抵挡不住美食的诱惑。不过你看我这不是诚心来学习了嘛。"

悟空满意地笑着说道："你老猪还算有心学习，我当然要好好给你讲讲。"

其实，物体检测和图像分类两个技能很相似，都是对图像进行的操作。不过，物体检测要比图像分类更难。

用人工智能实现物体检测和图像分类时，相似的地方在于，还是模仿人脑去思考和分析。区别是图像分类只需要找出能够区分不同物体的关键特点即可，而物体检测除了要找出不同物体的特点，还要能够找出物体的边界。

八戒打断问道："边界？什么是边界？"

悟空继续说道："边界就是一个物体的最外部，比如你头顶的帽子就是你的上边界，你的帽子的上面就已经不是你了。"

八戒恍然大悟道："原来如此。"

悟空说道："因此，物体检测的一个难点就在于如何找出物体的边界。其实，我们的大脑可以分辨出不同物体的边界。例如，对于一只猫来说，耳朵就是它上方的一个边界，爪子是下方的边界，同理，我们还可以找出它四周各个方向的边界，这些边界围起来，就可以确定物体的位置了，这样就找到小猫了。"

运用人工智能可以构造出一个运算过程类似人类思考过程的结构，去观察物体的边界特征，找到边界特征之后，自然就检测出物体了。

悟空考考你：帮沙师弟寻找羽毛球

悟空给八戒讲了用人工智能技术寻找人参果的原理，八戒醍醐灌顶，觉得自己的道行又上升了一个层次。

悟空说道："希望有一天，你能用这个技能去帮助别人，也不枉我费尽苦心教你"。

悟空的考题

悟空和八戒正说着，这个时候，沙和尚从远处跑来，边跑边喊道："大师兄，不好了！"

悟空一阵紧张，问道："师父被妖怪抓走了？"

沙和尚喘匀了气，说道："不是，我和师父在后山打羽毛球，结果我不小心把羽毛球丢到了草丛里，找不到了，师父生气了。"

八戒哈哈大笑起来，说道："你怎么又丢东西，昨天丢的篮球和足球找到了吗？"

沙和尚懊恼地摇摇头。

悟空正好想要找个题目考考八戒，没想到现成的题目自己跑过来了，于是就对八戒说道："这个任务就交给你了，看看你是不是真的掌握了物体检测的技能。"

八戒信誓旦旦地回答道："没有问题。"

八戒的升级版"火眼金睛"

八戒对沙和尚说道："老沙，你不要着急，老猪来帮你找出羽毛球，一定能把师父哄好。"

八戒借了悟空的笔记本电脑，打开 EasyDL 平台，去帮沙和尚找到丢失的羽毛球。

寻找羽毛球

第一步 创建模型

这个阶段的主要任务是选择平台类型，确定模型类型，配置模型基本信息（包括名称等），并记录希望模型实现的功能。

（1）打开 EasyDL 平台主页，网址为 https://ai.baidu.com/easydl/，显示的页面如图 3-23 所示。

点击图 3-23 中的 快速开始 按钮，显示如图 3-24 所示的“快速开始”选择框。训练平台选择 经典版 ，模型类型选择 物体检测 ，点击 进入操作台 按钮，显示如图 3-25 所示的操作台页面。

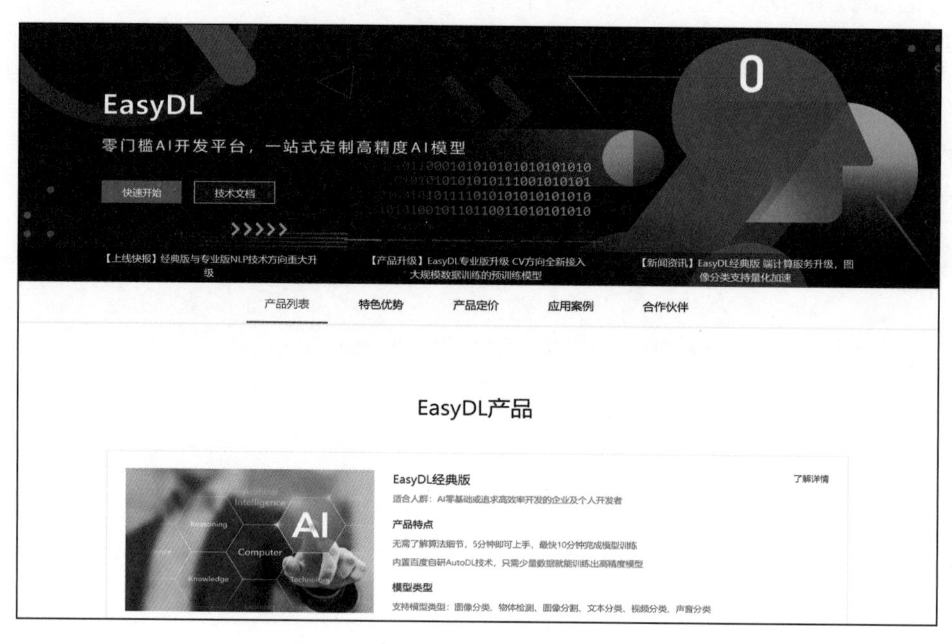

图 3-23　EasyDL 平台主页

图 3-24　选择平台版本和模型类型

（2）在图 3-25 显示的操作台页面创建模型。

点击操作台页面中的 创建模型 按钮，显示的页面如图 3-26 所示，填写模型名称**寻找羽毛球**，模型归属选择 个人 ，填写联系方式、功能描述等信息，点击 下一步 按钮，完成模型创建。

图 3-25　操作台页面

图 3-26　创建模型

（3）模型创建成功后，可以在 我的模型 中看到刚刚创建的模型**寻找羽毛球**，如图 3-27 所示。

图 3-27　模型列表

第二步 准备数据

这个阶段的主要任务是根据具体物体检测的任务准备相应的数据集，并把数据集上传到平台，用来训练模型。

（1）准备数据集。

首先扫描封底二维码下载压缩包，在［上册－第 3 章－实验 2］中找到所需图像数据。对于寻找羽毛球任务，我们准备了包含羽毛球的不同场景下的图片。图片类型支持 .png、.bmp、.jpeg 格式。之后，需要将准备好的图片按照分类存放在不同的文件夹里，同时将所有文件夹压缩为 .zip 格式。将准备好的图像数据放在文件夹中，将文件夹压缩，命名为 yumaoqiu.zip，压缩包的结构示意图如图 3-28 所示。

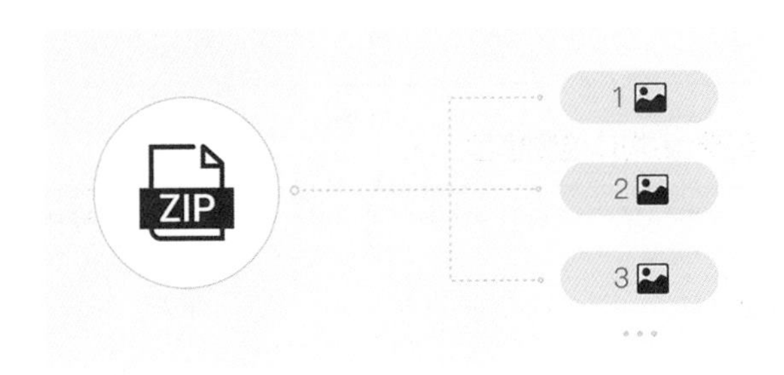

图 3-28　压缩包结构示意图

（2）上传数据集。

在图 3-29 显示的 数据总览 中进行数据集的创建。如图 3-30 所示，填写数据集名称。点击 **上传压缩包** 按钮，选择 yumaoqiu.zip 压缩包，可以在如图 3-31 所示的页面中下载示例压缩包，查看数据格式要求。

选择好压缩包后，点击 **确认并返回** 按钮，成功上传数据集。

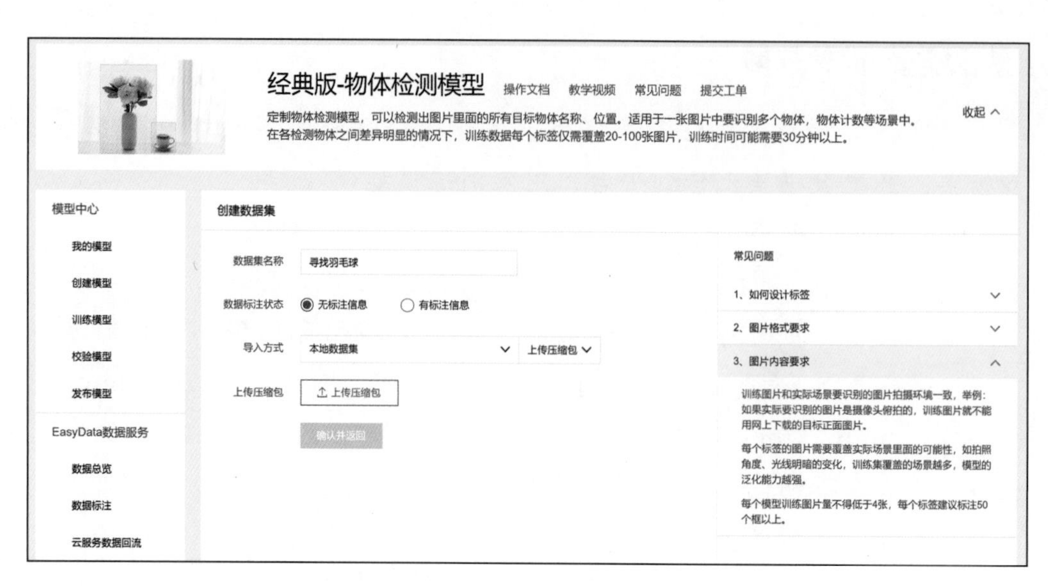

图 3-29　创建数据集

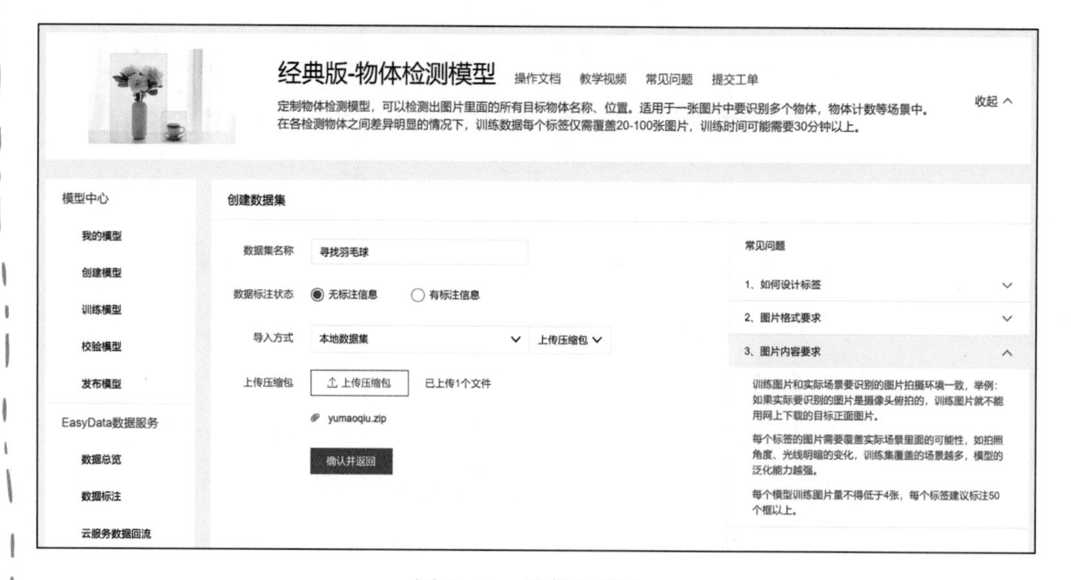

图 3-30　选择压缩包

图 3-31　上传数据集

（3）查看数据集。

上传成功后，可以在 数据总览 中看到数据的信息，如图 3-32 所示。数据上传后，需要一段处理时间，大约几分钟，然后就可以看到数据上传结果，如图 3-33 所示。

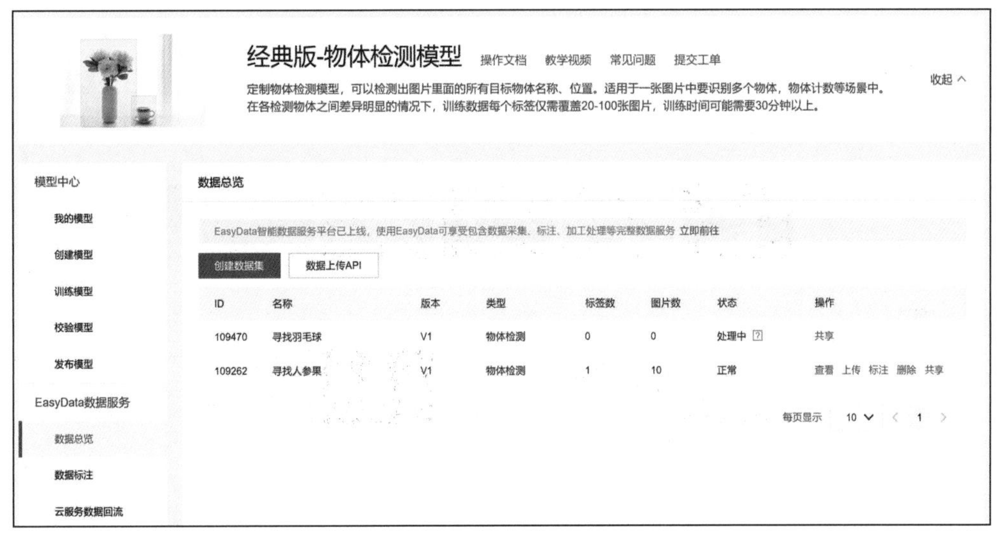

图 3-32　数据集展示

图 3-33　数据上传结果

点击 查看 ，可以看到数据的详细情况，如图 3-34 所示。

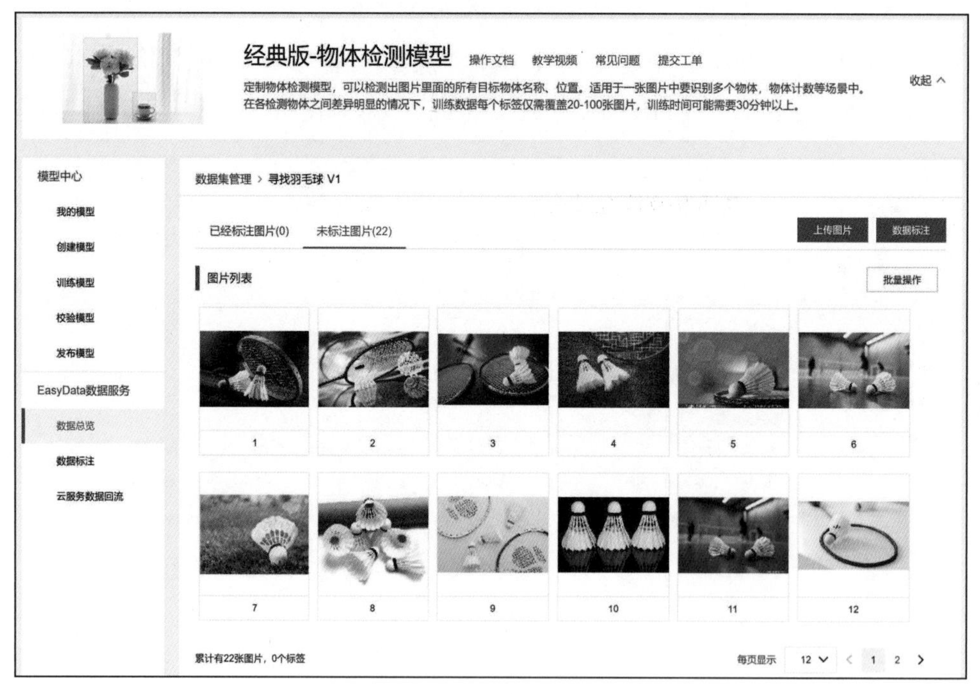

图 3-34　数据集详情

在物体检测任务中，还需要对数据进行标注。点击 数据标注 ，标注每一条数据，如图 3-35 所示。

图 3-35　数据标注

第三步　训练模型并校验结果

在前两步已经创建好了一个物体检测模型，并且创建了数据集。本步骤的主要任务是用上传的数据一键训练模型，并且在模型训练完成后，可在线校验模型效果。

（1）训练模型。

在第二步的数据上传成功后，在 训练模型 中，选择之前创建的物体检测模型，添加分类数据集，开始训练模型。训练时间与数据量有关，在训练过程中，可以设置训练完成的短信提醒并离开页面，如图 3-36～图 3-39 所示。

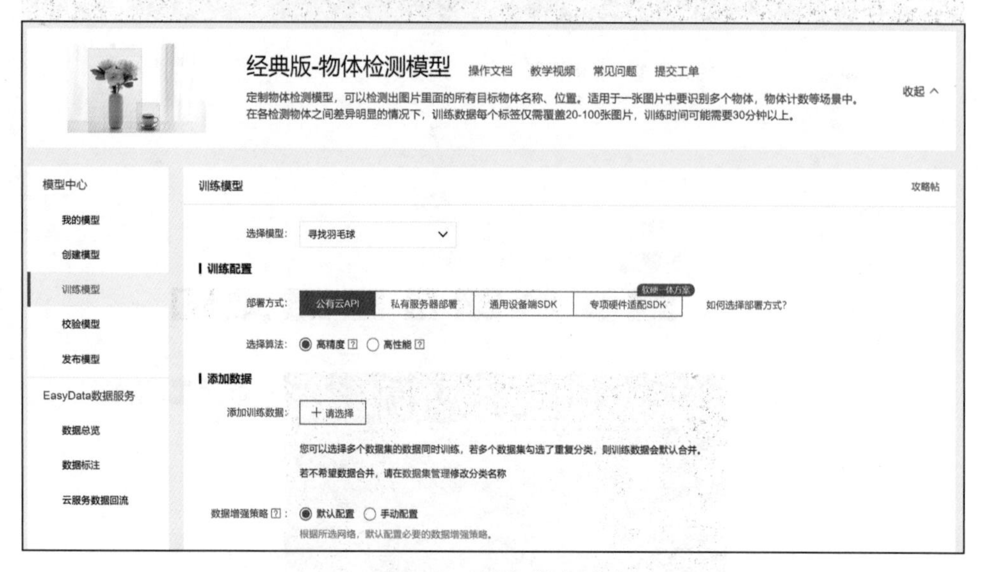

图 3-36　添加数据集

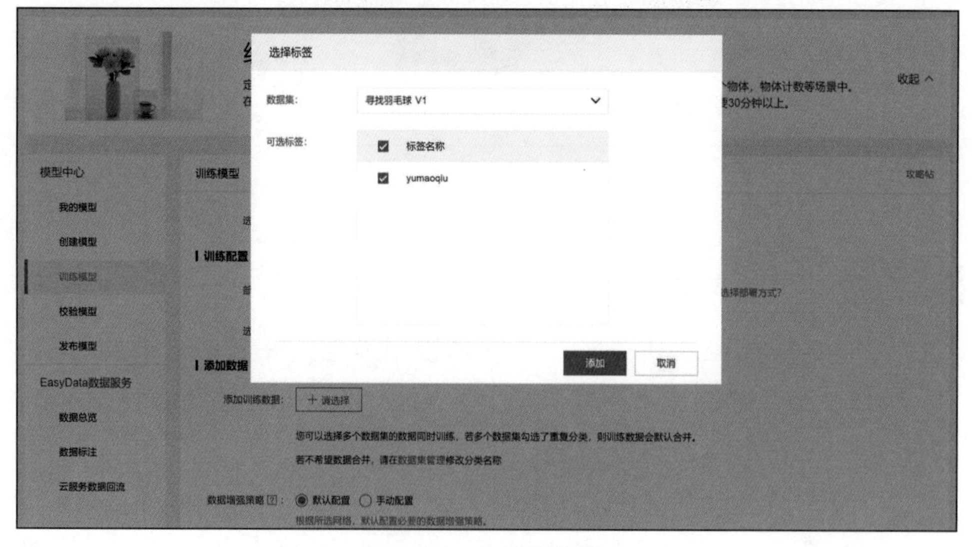

图 3-37　选择数据集

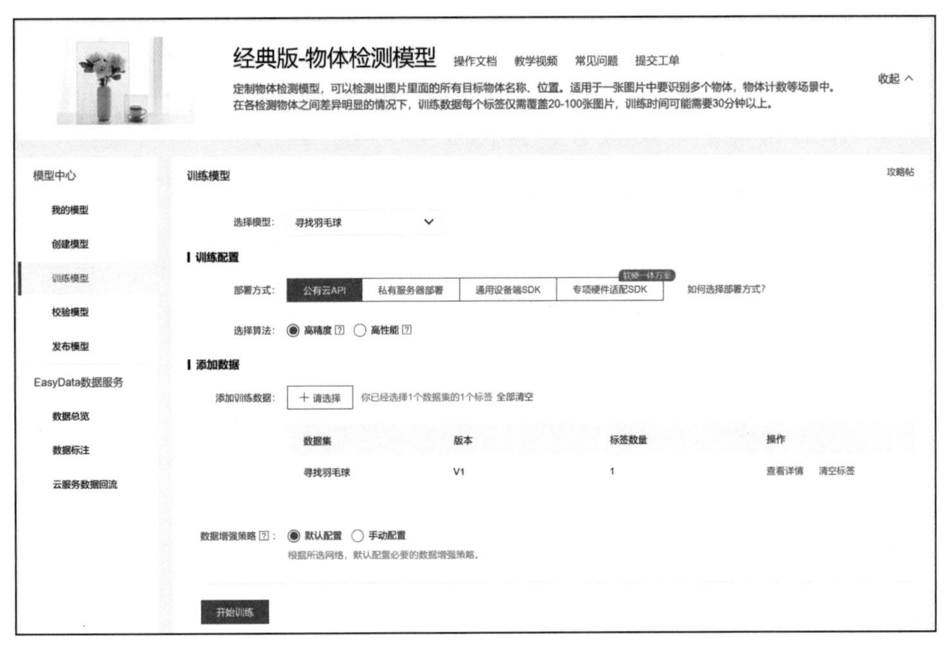

图 3-38　训练模型

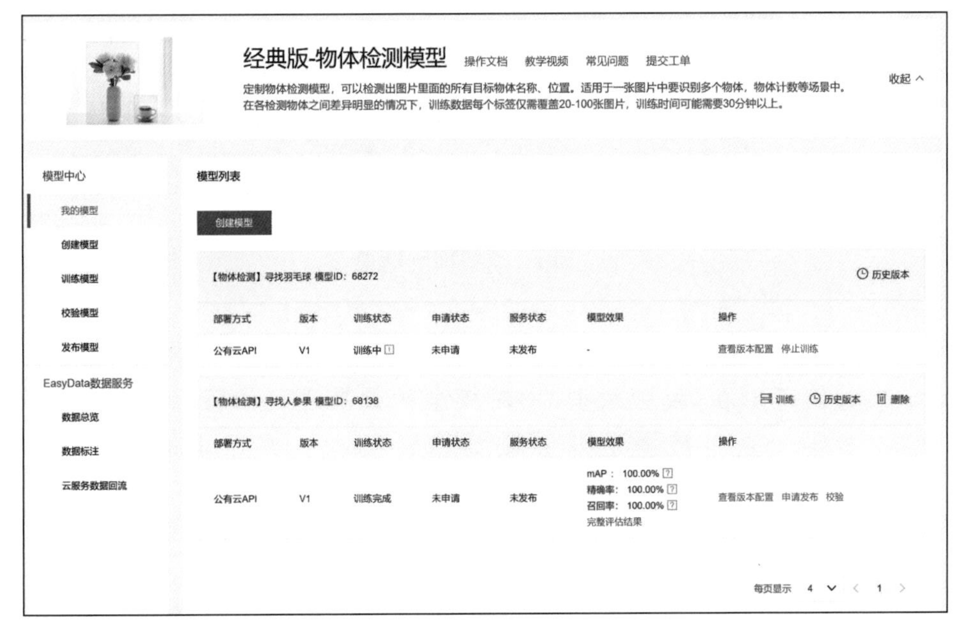

图 3-39　模型训练中

（2）查看模型效果。

模型训练完成后，在 我的模型 列表中可以看到模型效果以及详细的模型评估报告，如图 3-40 和图 3-41 所示，从模型训练的整体情况可以看出，该模型的训练效果还是比较优异的。

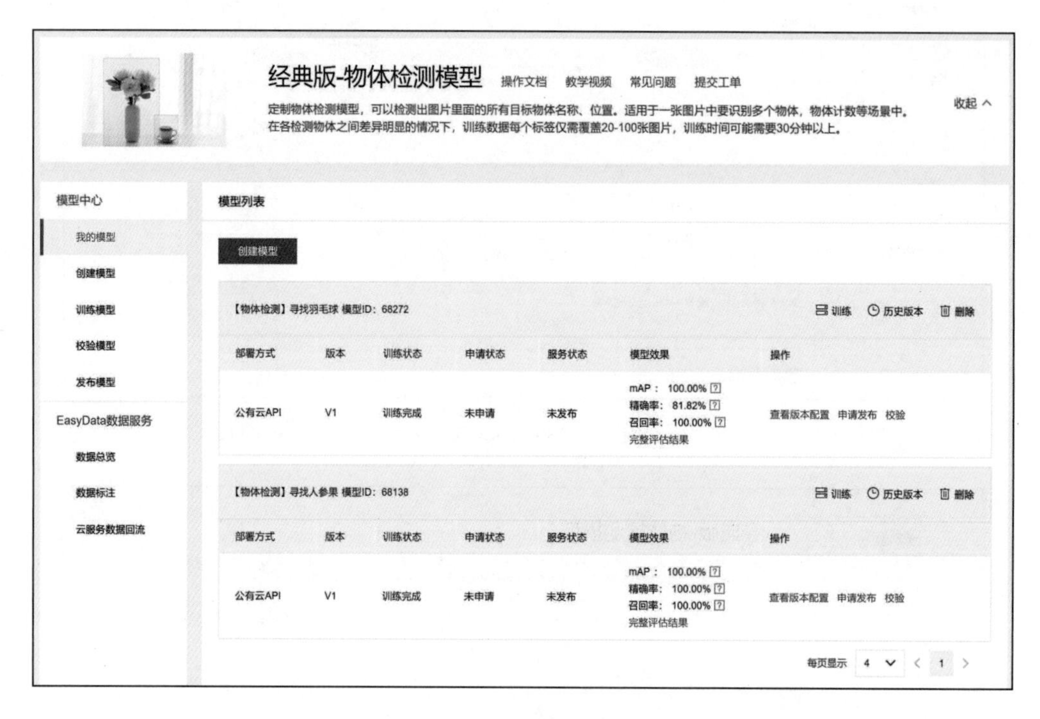

图 3-40　模型训练结果

（3）校验模型。

我们可以在 校验模型 中对模型的效果进行校验。

首先，点击 **启动模型校验服务** 按钮，开始模型校验，如图 3-42 所示，大约需要等待 5 分钟。

然后，准备一条图像数据，点击 **点击添加图片** 按钮添加图像，如图 3-43 所示。

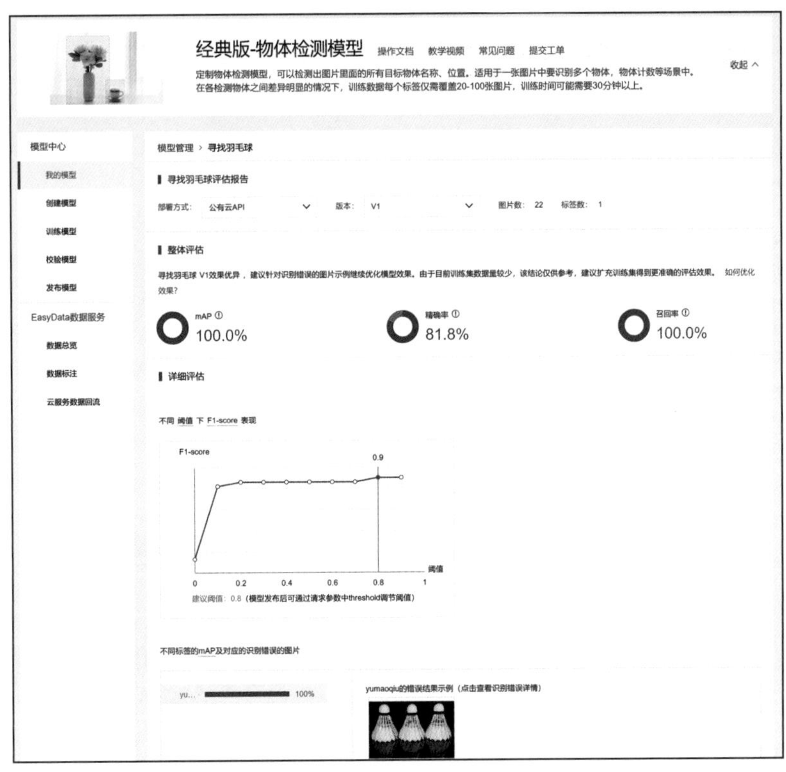

图 3-41　模型整体评估

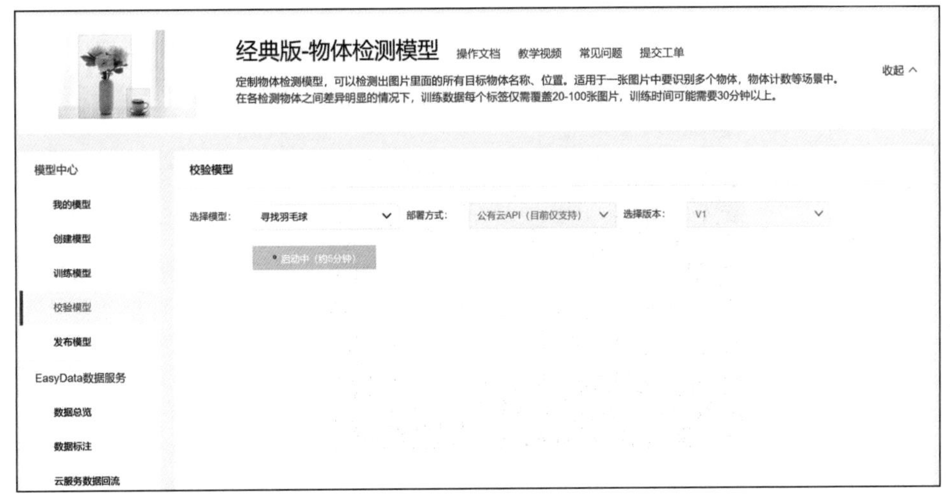

图 3-42　启动校验服务

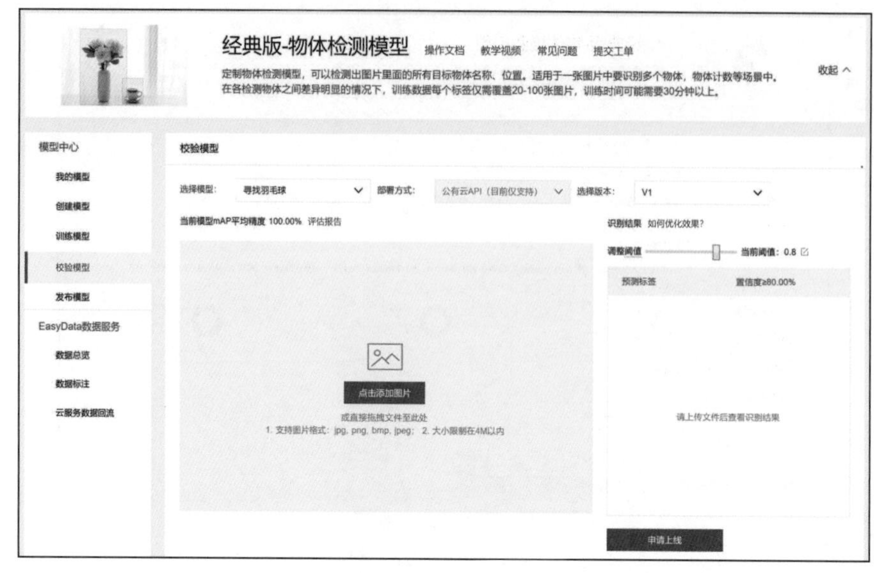

图 3-43　添加图像

最后，使用训练好的模型对上传的图像进行预测，如图 3-44 所示，找到羽毛球的位置。

图 3-44　校验结果

通过 EasyDL 平台，八戒终于成功地帮助沙和尚找到了丢失的羽毛球。沙和尚开开心心地去找师父了。

家庭作业

想一想：生活中有哪些物体检测的应用场景？

做一做：使用物体检测完成对螺丝、螺母的识别。

八戒一心寻美食，悟空妙招识珍馐

师徒四人在万寿山的五庄观停留了两天，整顿休息好，继续赶路。终于到达了天竺国，听说这里人杰地灵，盛产美食。

八戒看到如此繁华的地方，很是激动，央求唐僧道："师父，咱们好不容易来到这么繁华的一个国家，不如今天好好逛一下，品尝一下美食。"唐僧说道："阿弥陀佛，出家人……"

“好啦，师父，我知道了，咱们就小逛一下，开阔一下眼界也好。”八戒见唐僧要开始说教，连忙打断他。

唐僧无奈，只好答应。

来自八戒的求助，只想看美食新闻

八戒看唐僧终于松口了，赶紧拿出手机，开始翻阅新闻，看看天竺国有哪些好吃的东西，哪些店里的最好吃，他想抓紧时间去吃。

谁知，八戒打开手机上的新闻一看，又犯难了。手机上的新闻类别各种各样，有体育、科技、财经、生活等，这些新闻都混杂在一起，而且仅今天的新闻就已经有好几十页了。这么多新闻，但是八戒只想看美食新闻。

如果一条一条地这样找下去，恐怕还没找到好吃的，师父就要改变主意了。要在师父改变心意之前找到好吃的，赶紧去吃。

八戒又想到了悟空，着急地说道：“猴哥，你的火眼金睛能快速帮我找到新闻吗？这好像跟之前的图像问题还不太一样。”

悟空笑道：“火眼金睛对新闻也是有效的。”

八戒顿时开心起来，说道：“真的吗？火眼金睛也可以帮我找出美食新闻吗？”

悟空回答道：“是的，这在人工智能中叫作文本分类。我们还是先去百度 AI 开放平台体验一下吧，看过之后你就明白了。”

这回八戒毫不犹豫地答应了，还帮悟空打开浏览器，输入了网址 https://ai.baidu.com/productlist。

悟空会心地笑了。

AI 在线体验课之文本分类

悟空和八戒进入百度 AI 开放平台的首页，这次悟空点击 自然语言处理 ，选择 语言处理应用技术 ，在打开的页面中继续选择 文章分类 。文章分类功能可对输入的文章内容进行分析，输出文章的类别，如娱乐、社会、音乐、人文、科学、历史、军事、体育、科技、教育等，能够给每一段文章打上一个类别标签，这样就可以专心看其中一个类型的文章了。

悟空让八戒输入一段文字，然后点击 开始检测 按钮，立刻返回了分类结果。八戒看到“美食”两个字，开心地跳了起来。

八戒又随机选了一篇文章，屏幕上立刻显示出“财经”。

功能演示

请输入一段想分析的文章： 随机示例

证券时报：股市资金越来越重视安全边际

从今年2月股价大幅下挫之后，A股市场大盘蓝筹股就基本处于守势，而创业板则持续强势反弹。这似乎也成为市场风格转换的一个重要迹象。虽然从量能指标来看，A股市场的增量资金仍显不足，但是存量资金也并未远离，只不过一直在找寻更为安全、更值得投资的品种和标的。上述结论可以从三个方面得以证明： 首先，“高价股”的回落与“白菜股”股的逆袭。不知不觉中，两市第一高价股贵州茅台已经从800元附近回落到700元附近。相反，低价股却频繁逆袭市场。其次，蓝筹股与成长股轮舞，市场再无独角戏。第三，业绩超预期个股的受宠与低于预期个股的被冷落。

您还可以输入741字

开始检测

分析结果：

投资 财经 股票 盘面分析

分值说明

0 0.5 0.8 1

相关度低 一般相关 非常相关

八戒拉住悟空的手，说道：“猴哥，这个文章分类技能正是我现在需要的，你快告诉我怎么用。”

悟空耐不住八戒催促，只好答应。

是不是美食新闻悟空一看便知

悟空没想到八戒这次竟然还是为了吃向自己求助。不过，既然这是八戒的爱好，悟空想着教他也无妨。

八戒的方法

悟空问道：“你告诉我，你是怎么找出美食新闻的？”

八戒回答道：“这我还真没有什么好方法，只能一条一条地看，看每条新闻里有没有讲美食，以及在哪里可以吃到。

“例如，有一次我去北京，看到一条新闻，讲到‘北京的一道民间自创小吃，比北京城的历史还长，是一种炸货，炸馅馇就是其中之一，这炸馅馇分为软炸和脆炸。软炸馅馇的原料是绿豆面或豌豆面。’

“我看到新闻里提到了小吃，里面又讲了这种小吃的名称、做法以及经常出现的地点，这样我就知道这是一条美食新闻，于是我就按照上面说的地址找到了这种小吃，特别好吃。”

说着，八戒抹了抹嘴边的口水，想想都觉得美味。

悟空笑了，说道：“那你这回怎么不按照这个方法去找美食了呢？”

八戒说道：“这个方法这会儿不适用了，我这手机里新闻太多，上次是偶然看到的，可是这回我都看了好几页了，还没看到美食新闻，后面还有几十页，等我看完，恐怕师父又要继续赶路了。”

八戒的困惑

八戒有点难过，问道：“猴哥，你能用人工智能给这些新闻自动分个类别吗？就像刚刚你让我体验的文章分类那样，自动找出哪些是美食新闻，这样我就只需要在这些新闻里找好吃的了。”

悟空点点头说道：“可以！”

八戒又补充道：“对了，还有一个问题，就是我以前尝试只看标题里有没有食物的名称，但是后来发现就算标题里有美食的名称，内容可能也不是讲美食的，还是要把全文都看完才能确定是不是美食新闻。”

说完，八戒很苦恼地低下头。

悟空笑道：“你放心，人工智能会把全文的内容都看一遍，再告诉你是不是美食，绝对不会偷懒的。”

悟空的升级版火眼金睛

悟空拿出电脑，在浏览器里输入 https://ai.baidu.com/easydl/。

八戒叫道："EasyDL 平台！"

悟空笑了，说道："看着我给你找出来，美食新闻，认真看着，后面我要考考你的。"

八戒睁大眼睛看着悟空在电脑上操作。

新闻文本分类

第一步 创建模型

这个阶段的主要任务是选择平台类型，确定模型类型，配置模型基本信息（包括名称等），并记录希望模型实现的功能。

（1）打开 EasyDL 平台主页，网址为 https://ai.baidu.com/easydl/，如图 4-1 所示。

点击图 4-1 中的 快速开始 按钮，显示如图 4-2 所示的"快速开始"选择框。训练平台选择 经典版 ，模型类型选择 文本分类－单标签 ，点击 进入操作台 按钮，显示如图 4-3 所示的操作台页面。

图 4-1　EasyDL 平台主页

图 4-2　选择平台版本和模型类型

（2）在图 4-3 所示的操作台页面创建模型。

点击操作台页面中的 创建模型 按钮，新页面如图 4-4 所示，填写模型名称**新闻分类**，模型归属选择 个人 ，填写联系方式、功能描述等信息，点击 **下一步** 按钮，完成模型创建。

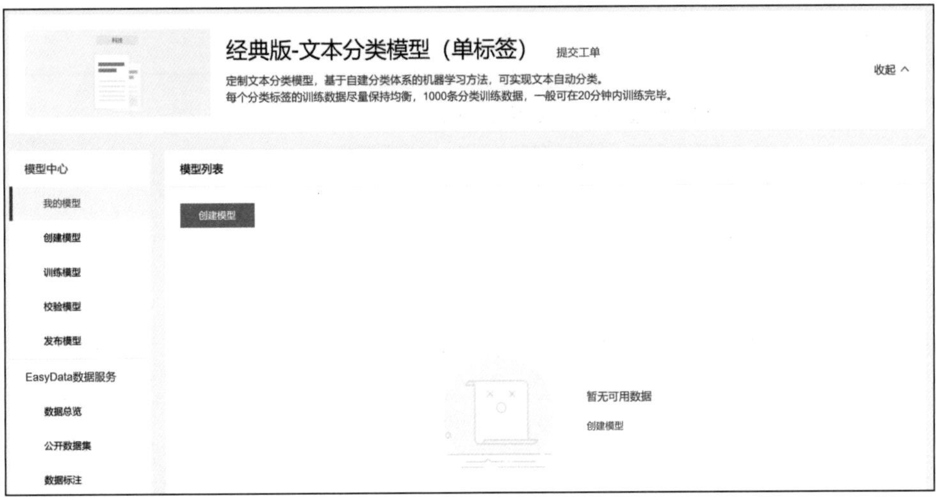

经典版-文本分类模型（单标签） 提交工单

定制文本分类模型，基于自建分类体系的机器学习方法，可实现文本自动分类。
每个分类标签的训练数据尽量保持均衡，1000条分类训练数据，一般可在20分钟内训练完毕。

收起 ^

模型中心
我的模型
创建模型
训练模型
校验模型
发布模型
EasyData数据服务
数据总览
公开数据集
数据标注

模型列表

创建模型

暂无可用数据
创建模型

图 4-3　操作台页面

经典版-文本分类模型（单标签） 提交工单

定制文本分类模型，基于自建分类体系的机器学习方法，可实现文本自动分类。
每个分类标签的训练数据尽量保持均衡，1000条分类训练数据，一般可在20分钟内训练完毕。

收起 ^

模型中心
我的模型
创建模型
训练模型
校验模型
发布模型
EasyData数据服务
数据总览
公开数据集
数据标注

模型列表 › 创建模型

模型类别： 文本分类-单标签
• 模型名称： 新闻分类
模型归属： 公司 个人
• 邮箱地址： l**********@qq.com
• 联系方式： 136*****105
• 功能描述： 利用EasyDL实现新闻文本分类。
17/500

下一步

图 4-4　创建模型

（3）模型创建成功后，可以在 我的模型 列表中看到刚刚创建的模型**新闻分类**，如图 4-5 所示。

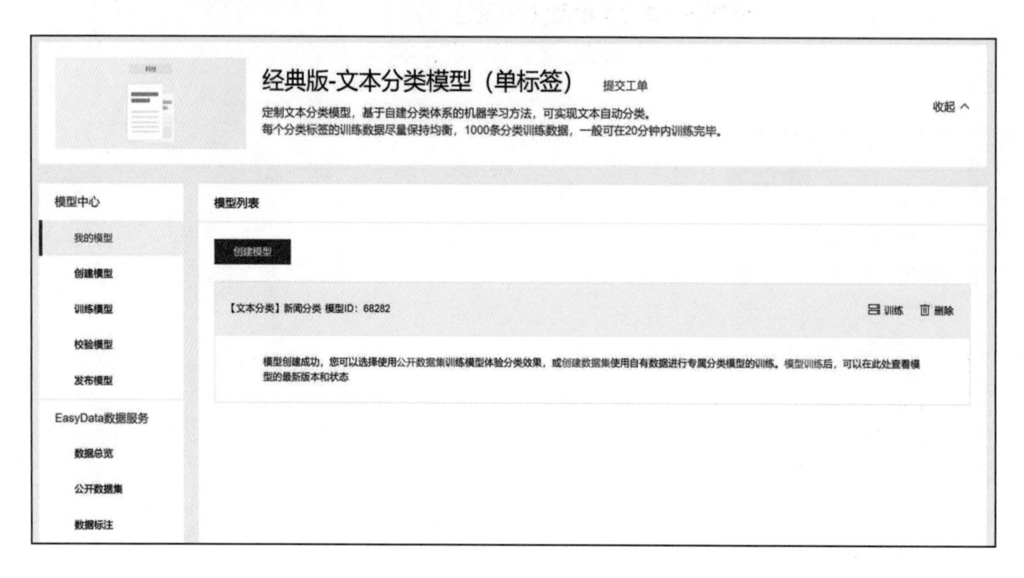

图 4-5 模型列表

第二步 准备数据

这个阶段的主要任务是根据具体文本分类的任务准备相应的数据集，并把数据集上传到平台，用来训练模型。

（1）准备数据集。

首先，扫描封底二维码下载压缩包，在［上册－第 4 章－实验 1］中找到所需文本数据。对于新闻文本分类的任务，我们准备了三种类别的新闻标题，分别为美食、科技和教育。比如“什么年龄段学习书法效果最佳？ 30 年书法教龄的书法老师告诉你真相”属于教育新闻的范畴；“最小的笔记本电脑开箱体验，酷睿八代处理器＋固态硬盘”通常是一个科技类的新闻标题；“江苏扬州五大特色美食名单出炉！这5种美食你吃过吗？”通常是美食类新闻标题。

将每一条新闻文本数据分别存放在txt文档中。

然后，将准备好的新闻文本数据按照分类存放在不同的文件夹里，文件夹名称即为文本对应的标签（food、education、science），此处要注意标签名即文件夹名称，需要采用字母、数字或下划线的格式，不支持中文命名。

最后，将所有文件夹压缩，命名为news.zip，压缩包的结构示意图如图4-6所示。

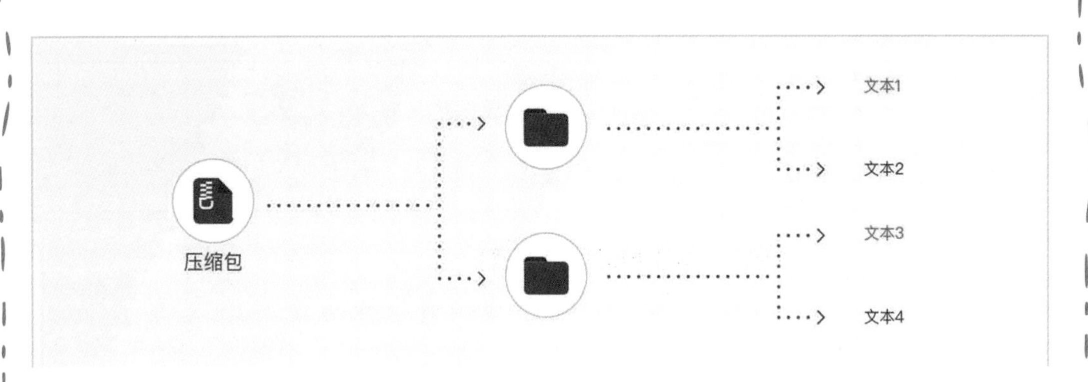

图4-6 压缩包结构示意图

（2）上传数据集。

点击图4-7显示的 数据总览 中的 创建数据集 按钮，进行数据集的创建。如图4-8所示，填写数据集名称，点击 上传压缩包 按钮，选择news.zip压缩包。可以在如图4-9所示的页面中下载示例压缩包，查看数据格式要求。

选择好压缩包后，点击 确认并返回 按钮，成功上传数据集。

图 4-7　创建数据集

图 4-8　选择压缩包

图 4-9　上传数据集

（3）查看数据集。

上传成功后，可以在 数据总览 中看到数据的信息，如图 4-10 所示。数据上传后，需要一段处理时间，大约为几分钟，然后就可以看到数据上传结果，如图 4-11 所示。

点击 查看 ，可以看到数据的详细情况，如图 4-12 所示。

经典版-文本分类模型（单标签）　提交工单

定制文本分类模型，基于自建分类体系的机器学习方法，可实现文本自动分类。
每个分类标签的训练数据尽量保持均衡，1000条分类训练数据，一般可在20分钟内训练完毕。

收起

模型中心：我的模型　创建模型　训练模型　校验模型　发布模型

EasyData数据服务：数据总览　公开数据集　数据标注

数据总览

EasyData智能数据服务平台已上线，使用EasyData可享受包含数据采集、标注、加工处理等完整数据服务 立即前往

创建数据集　数据上传API

ID	名称	版本	类型	分类数	文本数	状态	操作
110071	新闻分类	V1	文本分类-单标签	3	90	处理中	-

每页显示 10　1

图 4-10　数据集展示

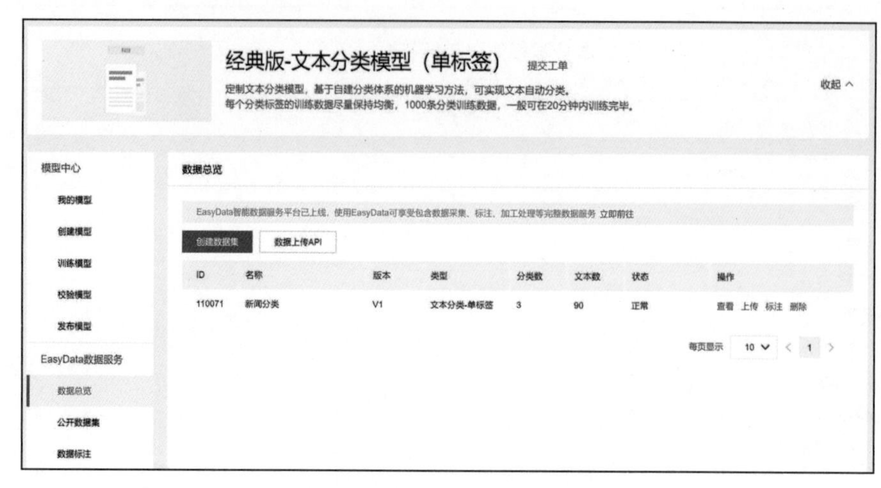

图 4-11　数据上传结果

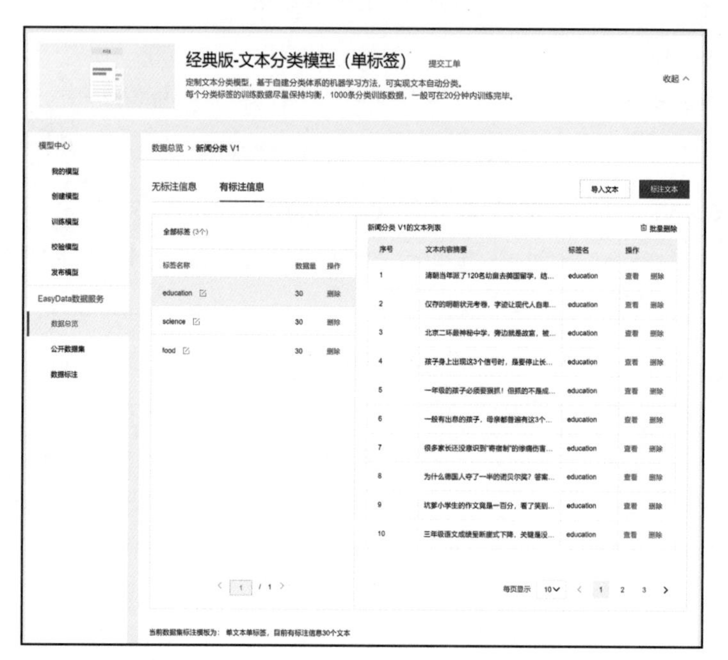

图 4-12　数据集详情

第三步　训练模型并校验结果

在前两步已经创建好了一个文本分类模型，并且创建了数据集。

本步骤的主要任务是用上传的数据一键训练模型，并且模型训练完成后，可在线校验模型效果。

（1）训练模型。

在第二步的数据上传成功后，在 训练模型 中，选择之前创建的文本分类模型，添加分类数据集，开始训练模型。训练时间与数据量有关，在训练过程中，可以设置训练完成的短信提醒并离开页面，如图 4-13 ～图 4-16 所示。

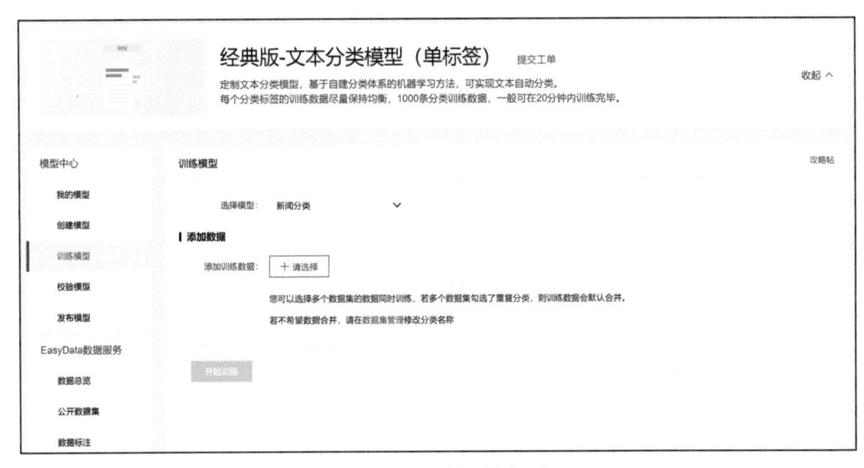

图 4-13　添加数据集

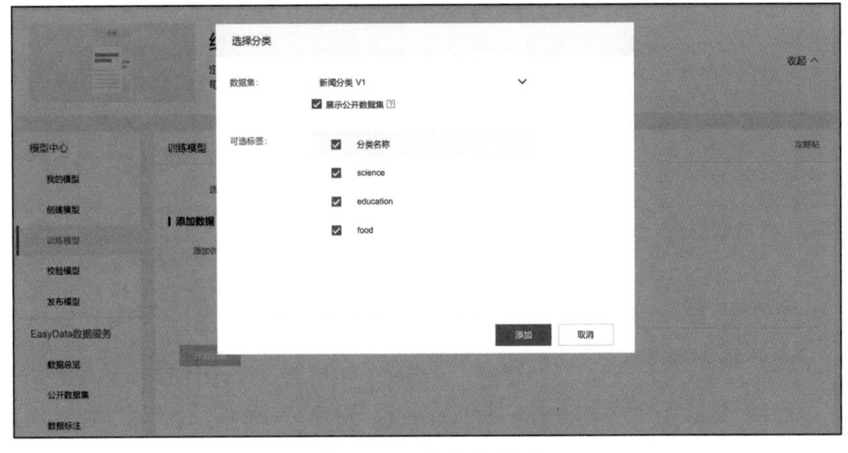

图 4-14　选择数据集

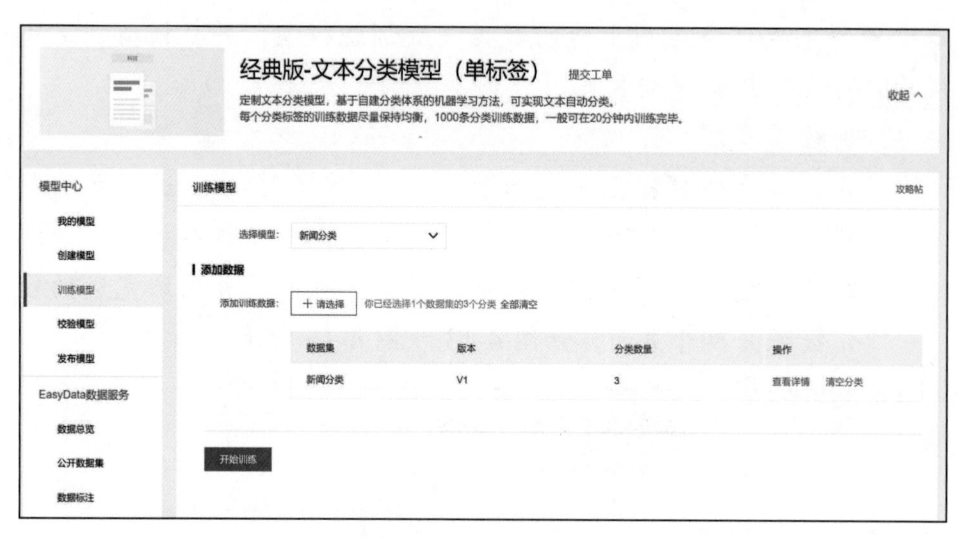

图 4-15　训练模型

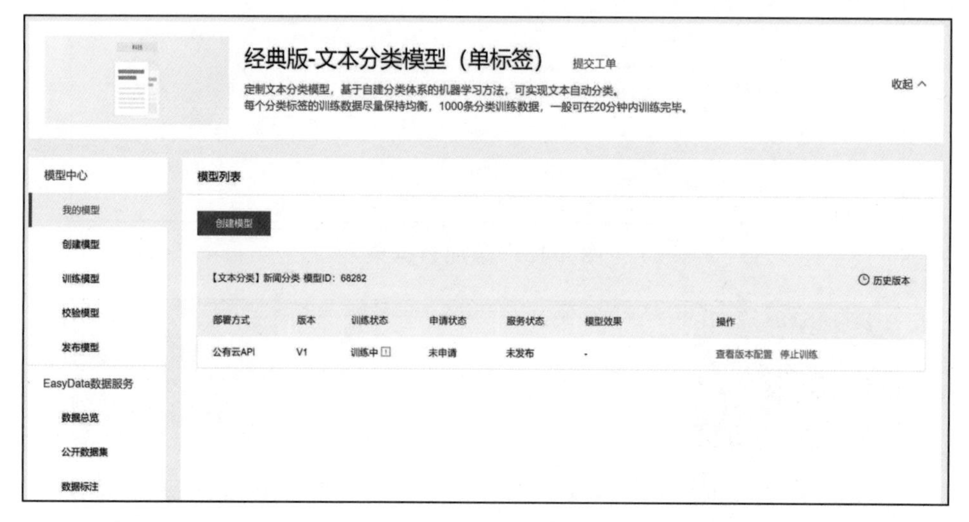

图 4-16　模型训练中

（2）查看模型效果。

模型训练完成后，在 我的模型 列表中可以看到模型效果，以及详细的模型评估报告，如图 4-17 和图 4-18 所示。从模型训练的整体情况可以看出，该模型的训练效果还是比较优异的。

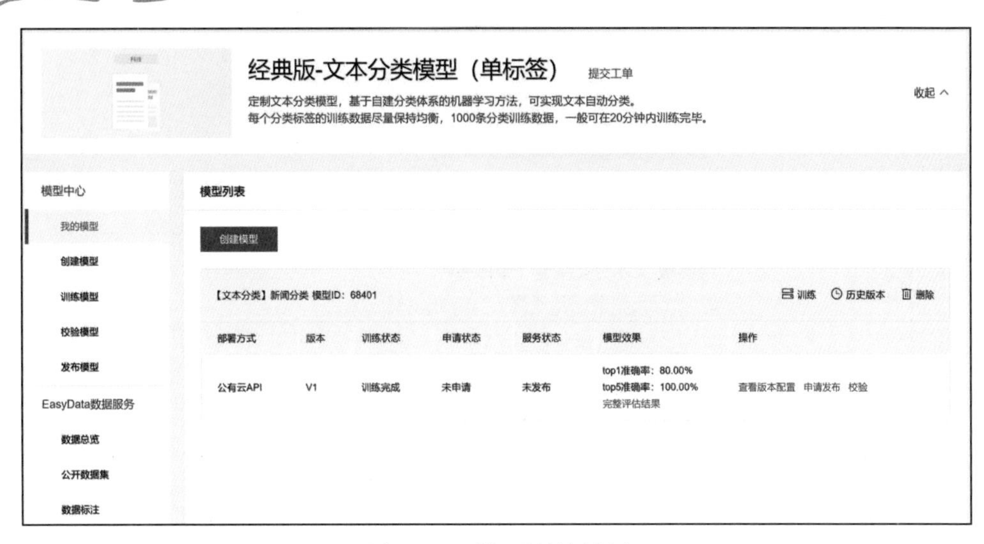

图 4-17　模型训练结果

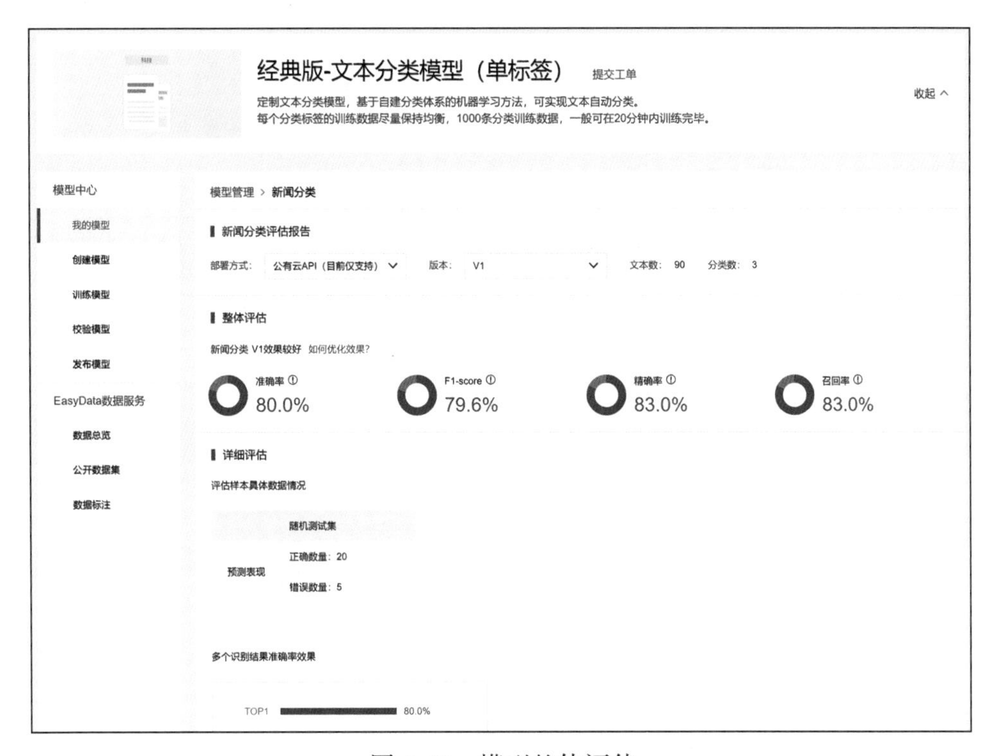

图 4-18　模型整体评估

（3）校验模型。

我们可以在 校验模型 中对模型的效果进行校验。

首先，点击 **启动模型校验服务** 按钮，如图 4-19 所示，大约需要等待 5 分钟。

图 4-19 启动校验服务

然后，准备一条文本数据，点击 **点击添加文本** 按钮添加文本，如图 4-20 所示。

图 4-20 添加文本

最后，使用训练好的模型对上传的文本进行预测，如图 4-21 所示，显示文本类型属于美食（food）。

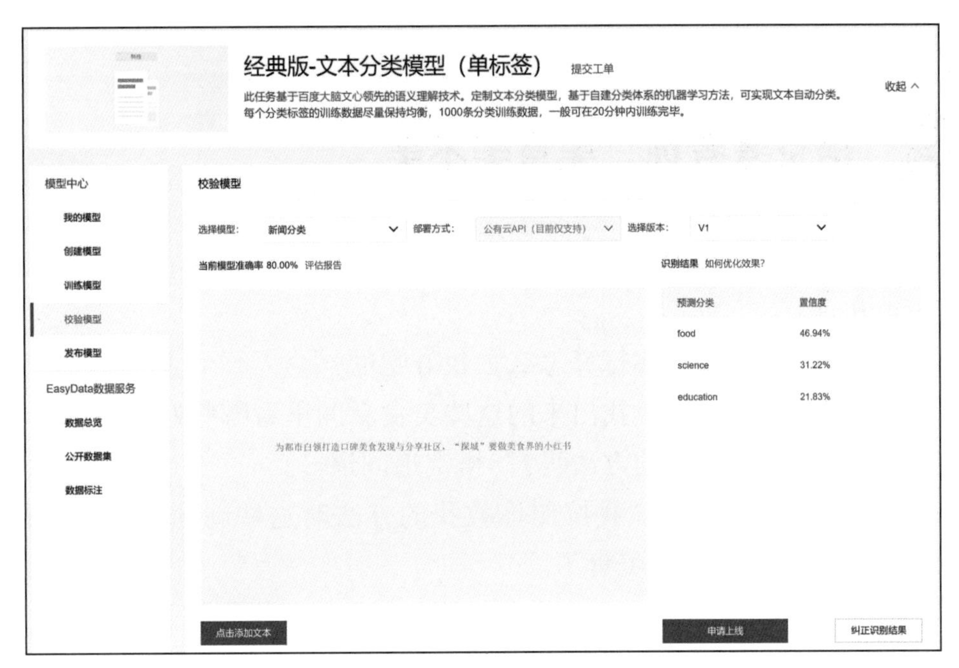

图 4-21 校验结果

这样，悟空帮助八戒找到了所有关于美食的新闻。

火眼金睛是怎么升级的

八戒看到火眼金睛一秒内就把几十页的新闻都分好类了，简直不敢相信自己的眼睛，兴奋地问道：“猴哥，这是怎么做到的？我以为火眼金睛只对图像有用，没想到用在新闻上效果更是神奇。”

悟空见八戒如此好学，便开始为他解惑。

新闻是以文本形式呈现的自然语言。和图像不同，除了要看到它表面表现出来的特征，就像你之前说的标题里有美食的名字，我们还要去思考这些语言的含义。尤其是中文，表达方式各种各样，要想真正理解其中的含义，就需要对词、语法和前后文进行充分思考，这就像我们读完课文后总结中心思想。人工智能就是这样把词、语法和前后文进行充分的思考后，告诉我们答案。

八戒似懂非懂地点点头。

悟空考考你：美食美不美

悟空帮助八戒找出了所有美食新闻，八戒很开心地说道："太棒了，我可以去找好吃的了。"

悟空又问道："八戒，你打算怎么去找好吃的？"

八戒回答道："从你给我找出来的这些美食新闻里看哪些好吃啊。"

"你想想还有什么更快的方法吗？"悟空追问道。

八戒想了一下，说道："我按照你教我的方法对这些新闻的评论进行一个文本分类，就可以很快找到美食了。"

悟空笑道："你自己说出了我要考你的题目，果然跟我待久了，变聪明了些。"

悟空的考题

原来，悟空给八戒准备的考题就是把美食评论进行分类，从而从评论中判断出这款美食是好吃，还是不好吃。

八戒自信满满地接下了考验，一方面，他想向悟空证明自己真的学会了，另一方面，他也想更快地找到美食。想到这里，八戒毫不犹豫地说道："猴哥你就看我的吧，绝对不会让你失望的。"

八戒的升级版"火眼金睛"

八戒打开笔记本电脑。在浏览器中熟练地输入 EasyDL 平台的网址 https://ai.baidu.com/easydl/，开始了他的任务。

美食评论分类

第一步　创建模型

这个阶段的主要任务是选择平台类型，确定模型类型，配置模型基本信息（包括名称等），并记录希望模型实现的功能。

（1）打开 EasyDL 平台主页，网址为 https://ai.baidu.com/easydl/，如图 4-22 所示。

点击图 4-22 中的 快速开始 按钮，显示如图 4-23 所示的“快速开始”选择框。训练平台选择 经典版 ，模型类型选择 文本分类 – 单标签 ，点击 进入操作台 按钮，显示如图 4-24 所示的操作台页面。

图 4-22　EasyDL 平台主页

图 4-23　选择平台版本和模型类型

（2）在图 4-24 显示的操作台页面创建模型。

点击操作台页面中的 创建模型 按钮，显示的页面如图 4-25 所示。填写模型名称**美食评论分类**，模型归属选择 个人 ，填写联系方式、功能描述等信息，点击 下一步 按钮，完成模型创建。

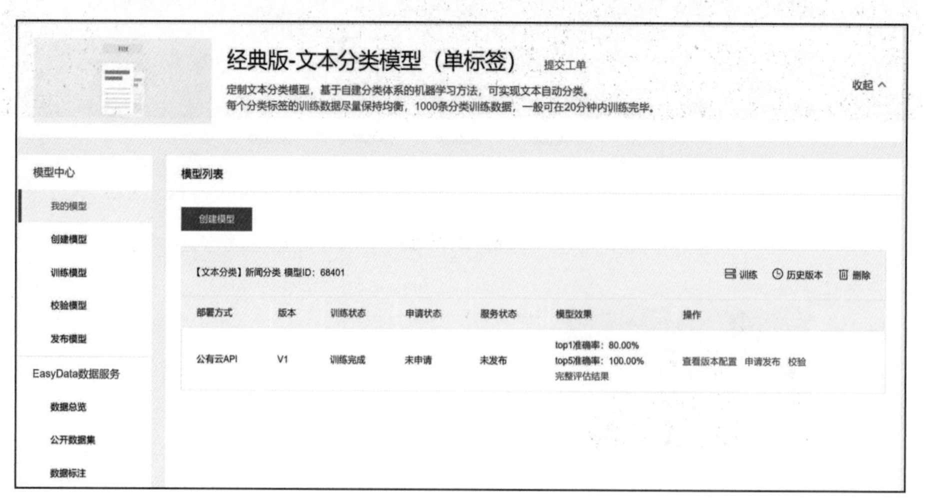

图 4-24　操作台页面

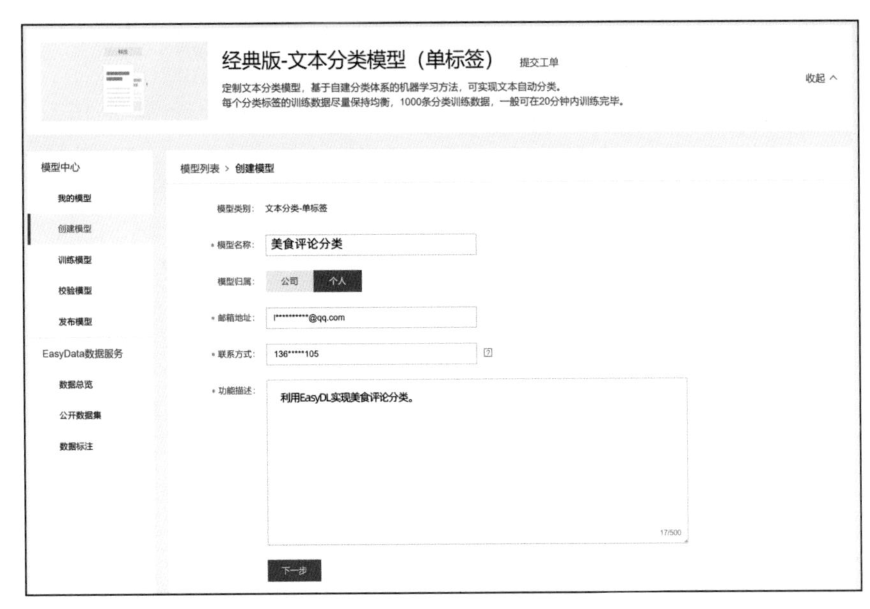

图 4-25　创建模型

（3）模型创建成功后，可以在 我的模型 列表中看到刚刚创建的模型**美食评论分类**，如图 4-26 所示。

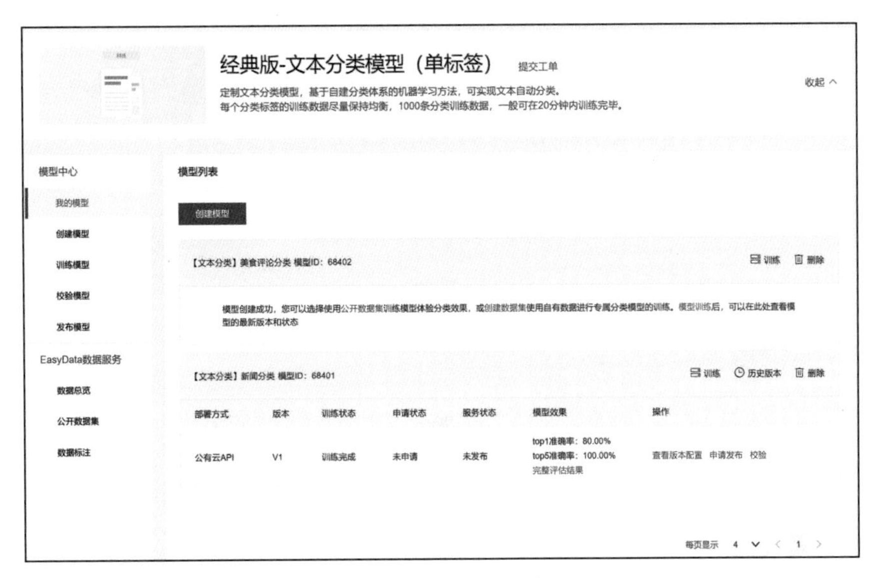

图 4-26　模型列表

第二步 准备数据

这个阶段的主要任务是根据具体文本分类的任务准备相应的数据集，并把数据集上传到平台，用来训练模型。

（1）准备数据集。

首先扫描封底二维码下载压缩包，在［上册 – 第 4 章 – 实验 2］中找到所需文本数据。对于美食评论分类的任务，我们分别准备了积极（positive）和消极（negative）的美食评论。

比如“味道不错，确实不算太辣，适合不能吃辣的人。就在长江边上，抬头就能看到长江的风景。鸭肠、黄鳝都比较新鲜”，很明显，是一条积极的美食评论；而“总而言之，是一家不会再去的店”，显然是一条消极的美食评论。将每一条新闻文本数据分别存放在 txt 文档中。

然后，将准备好的积极的和消极的美食评论分别存放在不同的文件夹里，文件夹名称即为文本对应的标签（positive、negative），此处要注意，标签名即文件夹名称，需要以字母、数字或下划线命名，不支持中文命名。

最后，将所有文件夹压缩，命名为 comments.zip，压缩包结构的示意图如图 4-27 所示。

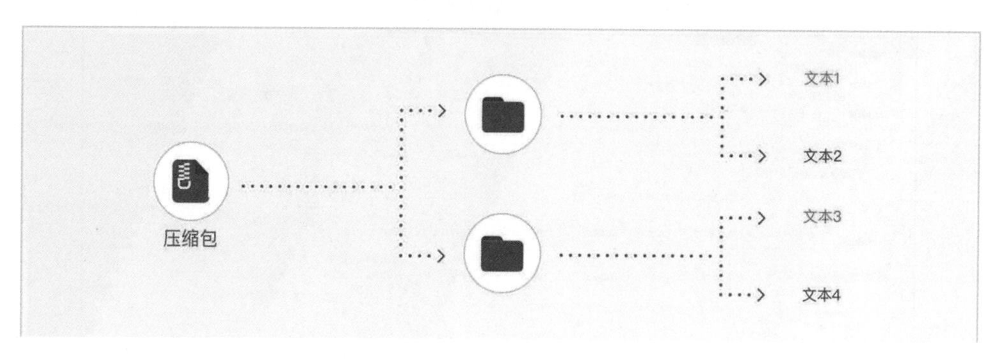

图 4-27　压缩包结构示意图

（2）上传数据集。

点击图 4-28 显示的 数据总览 中的 创建数据集 按钮，进行数据集的创建。如图 4-29 所示，填写数据集名称，点击 上传压缩包 按钮，选择 comments.zip 压缩包。可以在如图 4-30 所示的页面中下载示例压缩包，查看数据格式要求。

选择好压缩包后，点击 确认并保存 按钮，成功上传数据集。

图 4-28　创建数据集

图 4-29　选择压缩包

图 4-30　上传数据集

（3）查看数据集。

上传成功后，可以在 数据总览 中看到数据的信息，如图 4-31 所示。上传数据后，需要一段处理时间，大约为几分钟，然后就可以看到数据上传结果，如图 4-32 所示。

点击 查看 ，可以看到数据的详细情况，如图 4-33 所示。

图 4-31　数据集展示

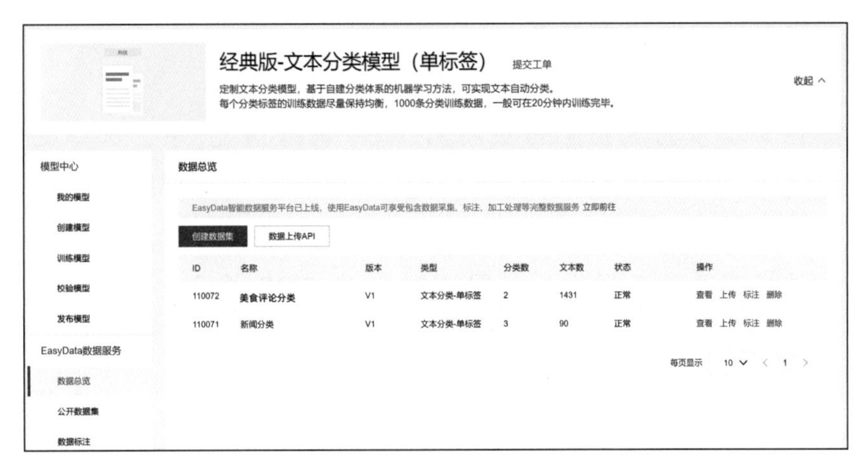

图 4-32　数据上传结果

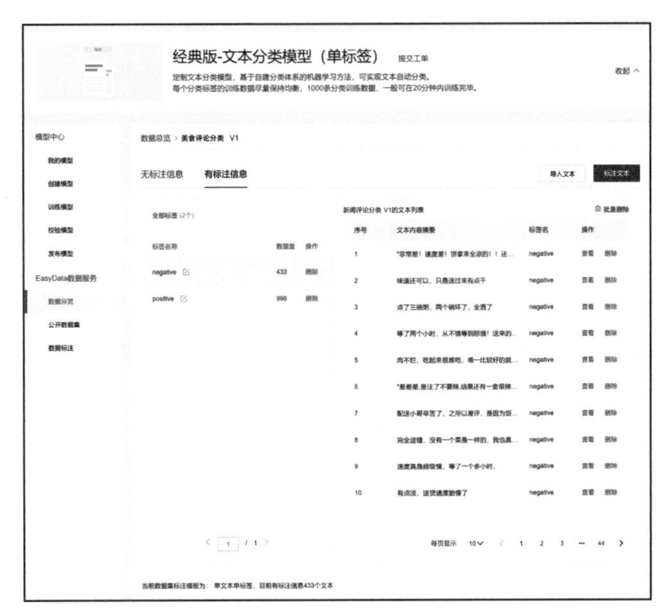

图 4-33　数据集详情

第三步　训练模型并校验结果

在前两步已经创建好了一个文本分类模型，并且创建了数据集。本步骤的主要任务是用上传的数据一键训练模型，并且模型训练完成后，可在线校验模型效果。

（1）训练模型。

在第二步的数据上传成功后，在 训练模型 中，选择之前创建的文本分类模型，添加分类数据集，开始训练模型。训练时间与数据量有关，在训练过程中，可以设置训练完成的短信提醒并离开页面，如图 4-34～图 4-37 所示。

图 4-34　添加数据集

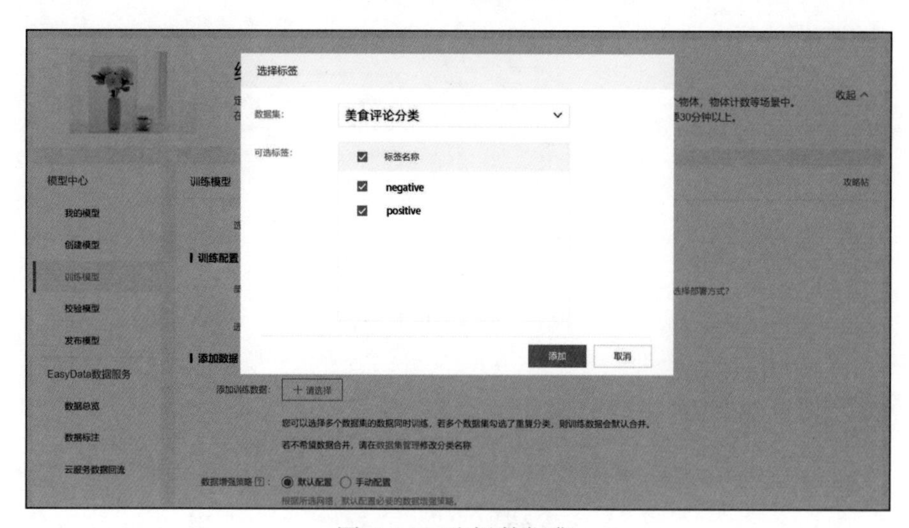

图 4-35　选择数据集

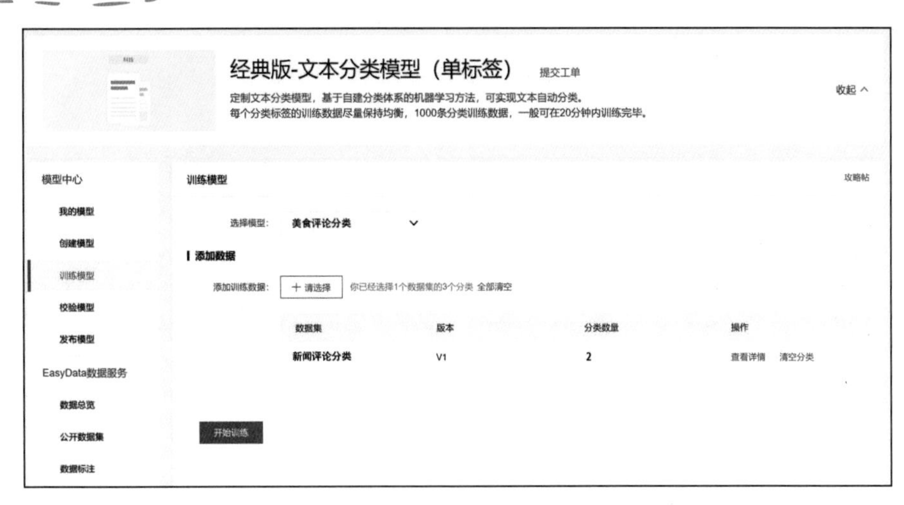

图 4-36　训练模型

图 4-37　模型训练中

（2）查看模型效果。

模型训练完成后，在 我的模型 列表中可以看到模型效果，以及详细的模型评估报告，如图 4-38 和图 4-39 所示。从模型训练的整体情况可以看出，该模型的训练效果还是比较优异的。

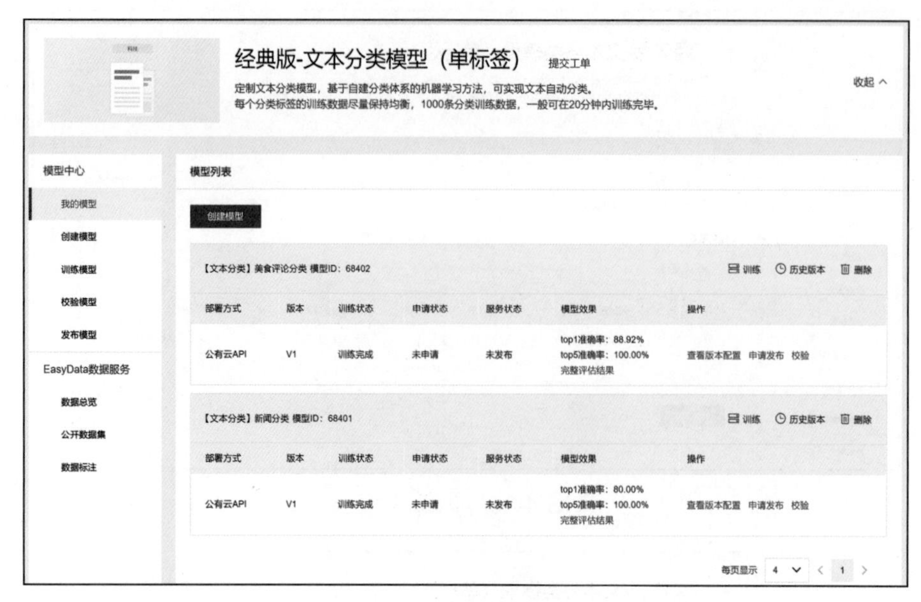

图 4-38　模型训练结果

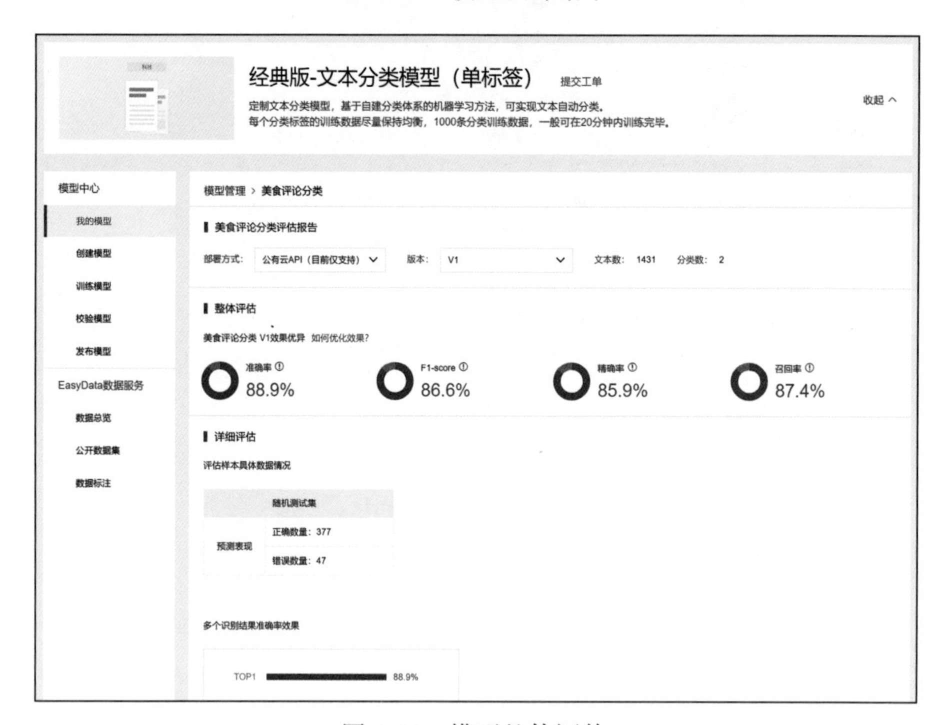

图 4-39　模型整体评估

（3）校验模型。

我们可以在 校验模型 中对模型的效果进行校验。

首先，点击 启动模型校验服务 按钮，如图 4-40 所示，大约需要等待 5 分钟。

经典版-文本分类模型（单标签）
提交工单
定制文本分类模型，基于自建分类体系的机器学习方法，可实现文本自动分类。
每个分类标签的训练数据尽量保持均衡，1000条分类训练数据，一般可在20分钟内训练完毕。
收起
模型中心
我的模型
创建模型
训练模型
校验模型
发布模型
EasyData数据服务
数据总览
公开数据集
数据标注
校验模型
选择模型：
美食评论分类
部署方式：
公有云API（目前仅支持）
选择版本：
V1
启动模型校验服务

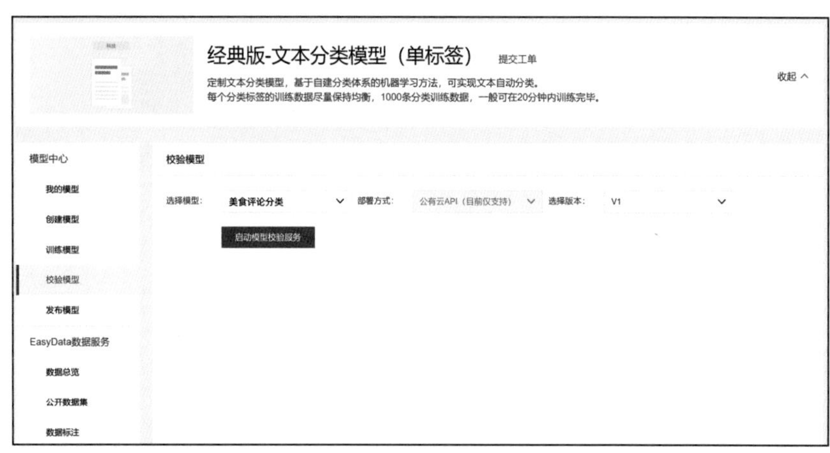

图 4-40　启动校验服务

然后，准备一条文本数据，点击 点击添加文本 按钮添加文本，如图 4-41 所示。

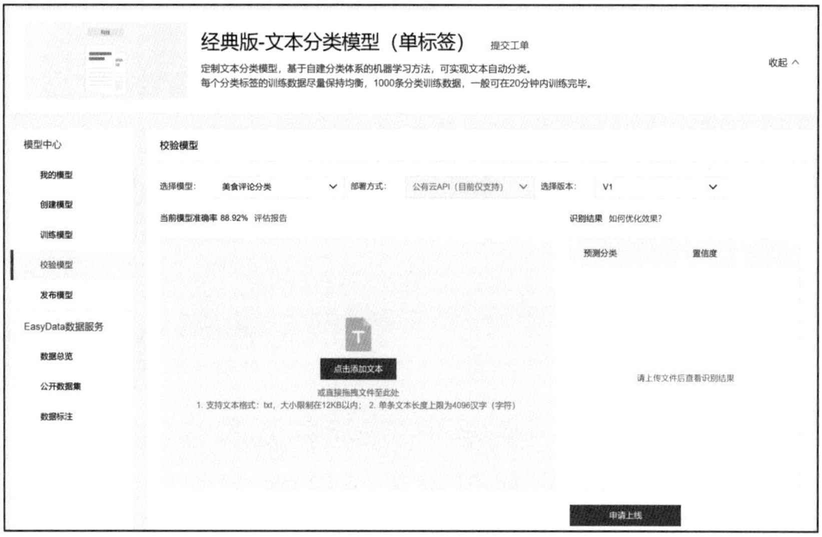

经典版-文本分类模型（单标签）
提交工单
定制文本分类模型，基于自建分类体系的机器学习方法，可实现文本自动分类。
每个分类标签的训练数据尽量保持均衡，1000条分类训练数据，一般可在20分钟内训练完毕。
收起
模型中心
我的模型
创建模型
训练模型
校验模型
发布模型
EasyData数据服务
数据总览
公开数据集
数据标注
校验模型
选择模型：
美食评论分类
部署方式：
公有云API（目前仅支持）
选择版本：
V1
当前模型准确率 88.92%　评估报告
识别结果　如何优化效果?
预测分类
置信度
点击添加文本
或直接拖拽文件至此处
1. 支持文本格式：txt，大小限制在12KB以内；2. 单条文本长度上限为4096汉字（字符）
请上传文件后查看识别结果
申请上线

图 4-41　添加文本

最后，使用训练好的模型对上传的文本进行预测，如图 4-42 所示，显示其分类属于正向评价。

图 4-42　校验结果

就这样，八戒很快就找到了评价比较好的美食。他跑到唐僧面前，说道：“师父，我知道这里有一家很好吃的素菜馆，咱们一起去品尝吧。”

唐僧奇怪地问道：“你以前到过这里吗？怎么对此地的美食如此了解？”

八戒开心地笑起来，说道：“因为我有法宝，走吧，师父。”

于是，八戒就带着师父、师兄和师弟奔着好吃的美食店去了。

家庭作业

想一想：生活中有哪些文本分类的应用场景？

做一做：利用文本分类技术判断说话人的情绪。